数字技术与学前教育丛书

Kindercoding Unplugged:
Screen-Free Activities for Beginners

不插电编程

儿童计算思维启蒙

[加] 迪安娜·佩卡斯基·麦克伦南/著
Deanna Pecaski McLennan
廖曼江/译　于晓雅/审校

教育科学出版社
·北 京·

出 版 人　郑豪杰
策划编辑　李秀勋
责任编辑　李秀勋
版式设计　郝晓红
责任校对　马明辉
责任印制　叶小峰

图书在版编目（CIP）数据

不插电编程：儿童计算思维启蒙 /（加）迪安娜·佩卡斯基·麦克伦南著；廖曼江译．—北京：教育科学出版社，2023.9
（数字技术与学前教育丛书）
书名原文：Kindercoding unplugged: screen-free activities for beginners
ISBN 978-7-5191-3515-7

Ⅰ．①不…　Ⅱ．①迪…②廖…　Ⅲ．①程序设计—儿童读物　Ⅳ．①TP311.1-49

中国国家版本馆 CIP 数据核字（2023）第 122615 号
北京市版权局著作权合同登记 图字：01-2023-1500 号

数字技术与学前教育丛书
不插电编程：儿童计算思维启蒙
BU CHADIAN BIANCHENG：ERTONG JISUAN SIWEI QIMENG

出版发行	教育科学出版社		
社　　址	北京·朝阳区安慧北里安园甲 9 号	邮　　编	100101
总编室电话	010-64981290	编辑部电话	010-64989424
出版部电话	010-64989487	市场部电话	010-64989572
传　　真	010-64989419	网　　址	http：//www.esph.com.cn
经　　销	各地新华书店		
制　　作	北京浪波湾图文设计有限公司		
印　　刷	保定市中画美凯印刷有限公司		
开　　本	720 毫米 ×1020 毫米　1/16	版　　次	2023 年 9 月第 1 版
印　　张	10.75	印　　次	2023 年 9 月第 1 次印刷
字　　数	171 千	定　　价	35.00 元

丛书推荐序

随着人类进入数字时代，数字技术日益渗透到我们的生活中，数字技术与学前教育的关系问题也不可避免地成为热门话题。对于幼儿要不要接触数字技术，在学前教育界有着截然不同的观点。主张热情拥抱数字技术的一派认为，数字技术引进幼儿园，可以让幼儿的学习内容更新、学习方式升级，既能让幼儿学到新东西，又能激发幼儿的兴趣，何乐不为？但另一派则担心年幼儿童屏幕暴露时间过长，可能会带来视力方面的损害，更担心幼儿如果长时间沉迷于数字技术产品，会导致他们对虚拟世界的兴趣远远超过对真实世界的兴趣，从而影响他们对真实世界的认知，以及现实的人际交往。

究竟该如何看待这个问题？我愿借为“数字技术与学前教育丛书”作序的机会，简单谈谈我的看法。身处数字时代，技术发展日新月异，每个人都被裹挟其中，从这个意义上说，我们是无从拒绝的。与我们这一代人相比，今日的儿童更是数字时代的“原住民”，从他们出生之始，就被数字化产品所包围。对他们来说，人机互动与人际互动都是同样真实的存在。

然而，随着数字产品越来越廉价易得，它对儿童发展的影响也在分化，这就是所谓“数字鸿沟”（digital gap）。国外有研究表明，在不同社会经济阶层的家庭，儿童使用数字产品存在显著的差异，突出表现在家长对内容的筛选及使用时长的控制上。这个事实给了我们一个重要的提醒：任何事物都具有两面性。面对数字技术产品的普及，我们应该思考的是如何引导儿童善用技术，而不是任由儿童沉迷其中。

技术，究其本质，是一种手段，而非目的。应该让技术为我所用，而非为技术而技术，更不能走向技术崇拜。既然数字技术产品已经成为当代儿童生活环境的一部分，那么让儿童接触技术产品，学习、掌握技术产品的使用，当然无可厚非，它本身也是儿童认识环境的一个组成部分。但如果我们止步于此的话，那就错将手段作为目的了。在学前教育中，我们应该通过数字技术产品的应用实践，萌发儿童对技术本质的最初体验。相信本丛书可以给我们很多启发。

同样，对于儿童学习编程的问题，我们也要超越对具体知识和技能的掌握，要看到它背后其实蕴含了一种思维方式的启蒙，那就是计算思维。计算思维是数字技术世界运行的底层逻辑。所以学习编程决不仅仅是学习一种程序语言，而且是一种思维方式的启蒙，更是未来理解数字技术世界的基础。当儿童明白，任何数字技术产品，本质上都是运用计算思维解决问题的工具而已，他们便具有了从底层逻辑消解“技术神话”的能力，从而在根本上避免沦为技术附庸的危险。

儿童学习编程既可以借助软件产品，如麻省理工学院雷斯尼克团队研发的 Scratch 就是一个优秀的代表；也可以采用“不插电”的方式，将编程融于生活和游戏之中。本丛书向我们展示了儿童计算思维培养的多种可能，相信它可以启发我国学前教育工作者的实践。是为序。

南京师范大学　张俊

2023 年 9 月

编程是当代创造力的语言。

应该让我们所有的孩子都有机会成为计算机科学的创造者而非消费者。

——玛丽亚·克拉韦（Maria Klawe）

目录

第1章

从地图开始的编程之旅

这些孩子对各种地图——藏宝图、路线图、地球仪、学校的平面图、社区乃至国家的地图——感到着迷。放眼望去，地图无处不在。他们会在书写区画地图，在图书区阅读地图，把家里的地图带到班里分享，通过应用程序探索地图，并将它们融入户外的表演游戏中。你可能会认为，这将是引导孩子们探索社区或国家的开始，但它实际上最终引导我们班踏上了长达一年的探究编程之旅。

从地图到编程

我是加拿大安大略省南部的一名幼儿教师，深受瑞吉欧教育的影响。我注意到，在整整一周的活动中，班里的孩子们都对地图感到痴迷。事情是这样开始的：一个名叫索耶的孩子上个周末去了加拿大奇幻乐园（一个到处都是过山车之类的主题公园），上学时带来一张地图。我认为，这张地图的新奇之处在于它的不为人知——在这个 GPS 和智能设备盛行的时代，我怀疑有多少孩子见过他们的父母开车时用纸质地图来导航。我不禁回想起儿时一张地图所引发的兴奋。每次长途旅行的前一天晚上，我们都会讨论要去哪些地方，听父母的计划，看父亲抚平那张我们深爱的全省地图上的折痕，用他的手指勾画出我们的旅程。对当时的我来说，那张地图是那么大，那么不可思议：我们真的要在一周之内走那么远吗？

我相信，班里的孩子们在玩地图游戏的时候也会同样地兴奋。想象在漫长的旅程之后等待自己的是怎样奇幻的目的地，这本身就很吸引人，它能够帮助孩子们抛开怀疑，将自己完全融入游戏情境中。有关冒险、英雄和发现的故事穿插在他们的活动中。每次他们骑着三轮车从我身边疾驰而过，手拿地图，大声喊着去往下一个城堡或落脚点的方向时，我都会停下手头的工作，看着他们。你看，地图在这里不是定位工具，也不是游戏道具。它是一种理解和交流的语言，一种符号代码，与书中的文字或方程式中的数字没有什么不同。

一个孩子绘制的地图，上面呈现了与他想象的表演游戏有关的各个地点

生成性学习

作为一名教育者，我用孩子们的兴趣来指导活动开展。在那一周的活动中，我以各种方式观察并记录了孩子们开展的有关地图的活动，以便揭示他们学习的深度。我对他们的探索感到好奇，想要了解更多。那些在课堂上接受孩子发起的探究的教育者，同时也是研究者——提出问题，收集数据，并为获得更深入的理解制订计划。我复印了孩子们的画作，研究了他们书写的内容，询问了有关他们游戏的问题，转录了他们的对话，拍摄了他们开展角色游戏的照片和视频，还就如何促进他们的探索、在他们游戏性的探索中融入丰富的学习机会制订了计划。我不想墨守成规（在游戏中注意到地图后，合乎逻辑的探究可能包括研究社区和方位），于是开始向外部寻找灵感。我熟悉我们学校[①]年龄稍大一些的孩子们正在进行的编程活动，并且很想知道关于它的一切。我一直在等待一个机会，以将其有意义地融入孩子们的游戏中；我意识到，他们对地图的兴趣正是我所需要的导火线。

只有一个小问题——我没有编程经验。当时，我认同真实数学经验观，正在寻找能让孩子们进行丰富思考的活动，希望借此提升他们的信心和思维方式，帮助他们看到数学与周围世界的关联。作为个人专业发展的一部分，我如饥似渴地阅读所有我能读到的关于培养幼儿数学能力的内容。其中一本名为《成形：发展学前班至二年级儿童几何与空间思维的活动》（*Taking Shape*：*Activities to Develop Geometric and Spatial Thinking*，*Grades K–2*）（Moss et al.，2016）的书引起了我的注意，因为它强调了空间推理的重要性。书中介绍了不插电编程，并提供了可在课堂上尝试的活动示例。我知道数学上的自信和成就与积极的成长型思维方式直接相关，所以我想在我们的课堂中融入一些活动，促使孩子们在安全和支持性的空间中合作解决问题和冒险（Boaler，2016）。出于好奇，我一直想尝试类似的活动，我感到现在就是一个理想的时机。我没有让缺乏编程经验或信心成为我们的障碍，而是全身心地投入其中，因为我知道，学习有时可以是混乱而自发的，无论对于孩子还是教育者都是如此。我觉得在孩子们使

---

① 本书作者执教的班级为学前班（kindergarten），附设于小学内，班中孩子的年龄大致对应于我国幼儿园的大班。——译者注

用编程之前，我不需要成为一个编程高手，我会和孩子们一起学习。过去的经验告诉我，冒险往往会指引我们去完成一些最有意义、最激动人心的项目，所以我知道要相信这个过程，看看会发生什么。例如，有一年孩子们对近距离观察螳螂的生命周期很感兴趣。尽管我不愿意把它放在我们教室的玻璃饲养箱里，但相比于孩子们看着几十只幼虫从卵壳里孵化出来时的那种兴奋，以及它给孩子们带来的丰富的数学知识，我的经验不足和心理不适都是不足为虑的。

我还知道，让孩子们参与编程活动很重要，因为我不确定他们在家里是否能接触到高质量的技术设备。一些孩子能够经常接触，而且堪称知识渊博、操作熟练。然而我认为，经常使用电子设备并不总是等同于丰富的学习，因为许多孩子每天花好几个小时在电子设备上，却只是在玩简单机械的游戏或看娱乐视频。支持孩子们使用编程进行复杂的计算思维，将确保技术（即使是不插电的技术）可以创造公平的环境，并鼓励孩子们成为批判性思考者和技术的生产者而非被动的使用者。

第二天，我们在圆圈时间反思我们的地图游戏。我展示了孩子们前几天进行探索的照片和视频，并鼓励他们思考并分享每一份记录中发生的事情。谈话结束后，我把一块不插电编程板放在地毯中央，向孩子们做了介绍。那是一块有机玻璃，我用美纹胶带在上面进行分割，创建了一张简单的网格图。当我向孩子们展示这块板子时，我请他们描述一下自己看到了什么，说一说它可能有什么用处。孩子们的回答各不相同。他们设想，这是一个新的游戏，可以用在户外，看起来像个迷宫。然后有孩子提出，这让他们想到了地图。许多孩子点头表示同意，随后孩子们描述了如何对这张网格图进行改造，用它来表示方位：可以将日常的游戏材料，包括积木和磁力片，放在它的上面，用来表示建筑物和地标（使其能够显示地形）；也可以将真实的照片放在它的下面（创建出类似于我们在地图应用程序中观察到的那种地图）；还可以将绘制的图画插到不同的方格中，来表示特定的区域（就像我们之前玩过的坐标游戏）。在他们的带领下，我们收集了各种材料，开始探究。我不确定我们的活动将走向何方，但探究的力量在于信任孩子和过程，并在整个过程中提供支持和鼓励。孩子们兴奋不已，渴望把这张网格图融入当天的探索中。当整个房间里都是他们讨论计划的声音时，我就知道他们被一件大事吸引住了。我意识到这是丰富的探究生根发芽的声音和感觉，并迫不及待地想看看这次新的冒险将把我们带到哪里。而这张编程网格图，现在已成为我们通往未知世界的新地图。我那天的直觉是对的。计算思维充满了我们的课堂，在那一年的时间里，我们花了大量时间把不插电编程融入我们的探索中。

不插电编程

计算机编程是数字时代的一种基本语言。计算机程序员使用机器代码（特定的二进制数字序列）向计算机发出指令。计算机使用这些分步指令来运行程序。游戏系统、平板电脑、汽车、手机甚至洗衣机都依靠代码来正常运行。但是，我对为孩子们提供使用设备进行编程的机会并不感兴趣。我想让他们在无须面对屏幕的前提下探索编程的概念，并获得计算思维能够提供的所有好处。不插电编程指的是孩子们使用熟悉的工具而非计算机技术来学习编程。它无须使用计算机或面对屏幕。不插电编程也能使孩子们参与蕴含计算思维——创造力、合作、模式识别、坚持和创作——的活动。它强调元认知、问题解决和抽象思维，相关的游戏和活动是互动性的、易于理解的，而且是基于实物操作而非数字化操作。不是所有的孩子都会成长为计算机程序员，但是所有的孩子都应该有机会探索计算思维。不插电编程不仅能帮助孩子们为我们今天所生活的世界做好准备（毕竟，有些孩子长大后可能会从事技术领域的工作），还能教会他们许多其他有价值的技能，并帮助他们达成《州立共同核心标准》[①] 中所列的许多数学实践标准。编程是一种工具，可以帮助孩子们把他们的想法变成现实，并将其传播出去，让世界上其他地方的人也能阅读和使用。美国国家研究理事会（National Research Council）将 21 世纪技能分为三大类（2012）:

- 认知能力，包括批判性思维、决策、创造、革新、问题解决、积极倾听和适应性学习；
- 人际能力，包括协商、团队合作、共情、协作、解决冲突、自我表现和

① 《州立共同核心标准》（*Common Core State Standards*）是美国各州共同制定的课程标准，明确了从学前班到 12 年级学生在英语和数学上应该掌握的知识和技能。——译者注

合作；

- 内省能力，包括适应性、完整性、生产力、主动性、持续学习、勇气、毅力以及艺术和文化欣赏。

正如我们的地图引发了丰富的、富有想象力的角色扮演和穿越陆地与海洋的旅行那样，在我们的课堂上，孩子们的编程也是一个复杂而长期的项目。无论未来的项目以何种形式出现，编程总是会一次又一次地出现。我注意到，每一次经历都让孩子们获得了复杂的数学和读写技能，同时也对自己的探索变得更加自信和投入。在每次后续的实践中，编程背后孩子的意图都变得更加明显，随着时间的推移，指导其探索的已是孩子自己，而不是成人。随着孩子们变得越来越熟练，我也能够整合更复杂的编程概念了。编程也改变了我作为教育者的角色，我能够看到计算思维、我的瑞吉欧式教育实践以及在课堂上使用真实的数学和读写任务之间的深层联系。在过去这一年中，我定期在社交媒体账号上发布我们的活动，并通过论文和报告分享了我们在课堂上让孩子们了解编程并帮助他们把自己的想法传向世界其他地方的许多探索（McLennan，2017a，2017b）。我们的编程活动很快就流行起来。许多教育者很想知道不插电编程是如何进行的，以及如何将编程框架整合到他们的课堂教学和活动中。一些教育者认为拥有熟练使用计算机的信心是必备要求，因此避而远之；另一些人则担心自己有限的技术能力跟不上需要。我和其他教育者交谈得越多，我内心的紧迫感就越强烈，我想要分享我们的成功，并鼓励所有的教育者在他们的课堂上为计算思维活动找到合适的地位。如果我们在儿童早期就引入不插电的编程游戏，孩子们在使用计算技能和策略时就会变得更加自信和熟练。正如生成性课程鼓励孩子通过多感官体验实现个性化学习一样，技术也为孩子的“一百种语言”增添了一种，孩子可以通过这种语言进行探索、实验并与他人交流想法。我希望，所有的孩子都能拥有运用算法进行思考和表达的能力（Wein，2014）。

许多教育者将编程和被动的娱乐式游戏混为一谈，担心它会成为课堂上有害的干扰。我的发现是，不插电编程和其他计算思维活动非常适合探究式项目，并且可以有多种不同的使用方式。编程可以成为孩子的语言之一，在各学习领域中作为一种探索和交流的手段。它可以是教育者发起的，在集体活动期间进行介绍，随后在区域活动时间进行探索。它也可以是孩子发起的，是游戏中某个孩子自由表达其兴趣引起的反应。编程具有极强的适应性，孩子们的兴趣和能力也会随着学习而增长。

编程也对多种学习领域和学习模式都很有益。许多人将编程活动与它所鼓励的批判性思维和问题解决能力混为一谈。真正重要的不是编程的行为，而是编程中蕴含的思考：编程促成的多方面的学习情境，正是我们竭力想在教室中为所有孩子创造的。这里不是老套乏味、循规蹈矩之所，而是令人兴奋之地，孩子们会迫不及待地走进教室，看看今天有哪些有趣的学习机会。编程只是引导孩子参与复杂计算思维活动的方式，而这种活动是可以随着时间的推移不断调整和发展的（Bers，2018）。

阐明我们实践背后的教学法——为什么我们选择借助编程而不是更传统的课程开展数学和读写活动——是很重要的，特别是在面对来自心怀抗拒或不情愿的管理者、同事和家长的质疑时。对教育来说，编程是一个较新的概念，许多成年人可能没有相关的前期经验或理解。分解计算思维活动并让每一步的学习都看得见，对于建立你在自己的课程中实施编程活动所需的支持和信任非常重要。正如程序员通过**模块化**（modularity）将程序分解成更简单、更易于管理的部分，而这些部分组合起来会形成有力的想法或过程一样，教育者必须能够拆解编程的过程，并展现这些小的部分是如何组合在一起的，从而充分解释和证明其强大的学习潜力。通过可靠的教育框架清晰地阐明你正在实现的课程标准，不仅会让你得到信任，还会让更多犹豫不决的教育者跃跃欲试。

21 世纪课堂上的编程

经常参与编程可以改变教育者，帮助他们拥抱未知，重视学习者探索的过程而不仅仅是结果，从而认识到复合型学习的潜力。它可以在不插电编程与丰富、真实的数学和读写体验之间建立联系，从而加强教学指导。这可能会给教育者信心，让他们敢于在教学中冒险，尝试新的事物。不插电编程为教育者创造了一个空间，使其能与孩子们共同学习，并在合作解决问题的过程中示范耐心和坚持。我认为应该为每个孩子提供相关的时间、环境和资源，让他们能在课堂上进行有意义的计算思维活动。编程应该成为每位教育者和每个孩子的权利。对于为什么它需要成为21世纪课堂上必不可少的组成部分，我在与孩子们一起探索编程之后，得出以下几点理由。

- **编程无处不在**。大多数日常家庭用品和电器都需要代码才能工作。孩子们了解了编程，就会了解周围的世界是如何运作的。
- **一旦了解基本要点，编程就很容易**。教育者无须了解计算机编程即可开展编程活动。慢慢地开始，和孩子们一起探索，这样可以向他们示范好奇心和冒险的意愿，也可以帮助教育者与学习者在安全和支持性的环境中形成学习共同体，共同建构知识。
- **编程是划算的**。在预算减少和技术受限的时代，不插电编程不需要计算机就能顺利开展。要启动它，实际需要的只是一张网格图、一些箭头编程卡和小道具（例如积木或动物模型）而已。这些材料可以很容易地制作或在教室中找到，并且可以转移到学校的其他区域（如走廊或户外）。
- **编程活动自然地融合了21世纪技能**。参与编程的孩子在他们的活动中，可以体验到协作、创造力、团队合作、批判性思维和问题解决。他们会很快地意识到，他们的指令必须清晰而精确，这样才能在编程游戏中获得乐趣和成功。当编程游戏变得更加复杂、游戏中的障碍和挑战增加时，孩子们开始学习制定策略。当一些算法行不通时，孩子们会尝试新的程序并把错误当作学习机会，从而发展他们的韧性和毅力。
- **编程可以整合多个发展领域的学习机会**。在我们这个知识密集、评估要求苛刻的世界里，教育者必须将来自不同学科和领域的期望编织在一起。编程有潜力帮助孩子达到数学、科学、读写、艺术和体育等领域的期望，这取决于孩子们所处的环境及其想象力的边界。
- **编程是一种社会性活动，可以促进沟通和建立关系**。编程活动中的每个人都扮演着一个特殊的角色，这些角色必须共同努力才能获得成功。程序员给出的指令必须清晰而简洁，所有的参与者都必须准确执行。孩子们一起努力，才能创建更复杂的编程路径。今天的游戏可以持续到明天。编程能够增强孩子们的口语能力，因为他们在发出和接受指令时需要描述相关的动作。
- **编程为孩子们提供了参与有意义的、基于问题的数学学习机会，有极强**

的吸引力且与他们的生活密切相关。这些活动整合了空间感、模式、推理和数感，为孩子们在现实环境中应用数学提供了极具吸引力的机会。当孩子们做好准备时，这些活动就可以转移到编程应用程序中（比如ScratchJr应用程序或在线Scratch游戏）开展。这些数学活动通常是复杂的和分层的，可以帮助教育者达到《州立共同核心标准》中多个领域的要求。

- **编程可以为孩子们赋能**。当孩子们在课堂上经历复杂的编程活动后，他们会逐渐建立自信。无论是解决困难情境中的问题，还是将所犯的错误作为学习机会，对孩子们来说都具有挑战性。正是在坚持不懈直至任务完成的过程中，孩子们的勇气和毅力得到了发展。
- **编程用途广泛，可以轻松地应用于体育馆和户外学习空间中的活动，从而吸引动觉型学习者，并为体育活动增加一个新的维度**。编程是一项易于调整的活动，在户外或一张非常大的网格图上玩起来很有趣。孩子们可以相互为对方在空间中的移动方式编程，或者由场景的变化引发新的编程故事。把这些活动带到户外可以丰富孩子们的体验，因为他们可以自由地使用大幅度的身体动作、响亮的声音以及周围环境中的东西。
- **编程可以借助简单易用的应用程序、网站和机器人等技术得到扩展，以满足那些想要更深入地研究编程概念或提供家庭延伸活动资源的人**。虽然本书主要关注的是无屏幕编程，但也有许多适合年幼儿童的数字化延伸活动资源，为那些准备进一步学习的孩子提供了切实可行的后续步骤。其中很多都是免费的应用程序或网站，可以推荐给那些想要促进家校联系的家庭，或者供已经准备好迎接这些挑战的孩子在后续的活动或年级中使用。
- **编程是一个全球性现象，能将你班上的孩子与他们的社区乃至世界联系起来！** 教育者可以通过在社交媒体上使用编程主题标签（#coding，#21stedchat，#kindercoding，#MTBoS，#mathchat，#iteachmath）与世界各地的人建立联系，从而创建自己的个人学习网络。你的班级可以和来自世界各地的孩子们一起参与“编程一小时”活动。孩子们可以使用社交媒体与他人建立联系，并分享他们的编程游戏和学习经历，或研究新的游戏活动。

编程的力量

作为一名教育者和一名学习者，编程让我踏上了一段不可思议的自我表达和冒险之旅。我写这本书就是希望与你同行。孩子们用他们的地图指引了丰富而有创造性的游戏，同样地，你也可以借助这本书中的想法来反思自己的教学方法和实践，并了解计算思维在你的生成性课程中可以发挥的作用。

通过分享教学实践中的片段，将这些活动与基本教育理念联系起来，展示孩子们随着时间的推移而不断思考的过程，我希望我可以让你相信，编程是课堂上的一种存在方式（a way of being）。计算思维的氛围需要创设和培育，它不是你所实施的一系列活动，而是一种思考和存在的状态，能改变每一个投入其中的人。一起踏上编程之旅，构建你的计算思维图式，在情境中使用适宜的术语，并将各种活动编织在一起，这些将为作为学习者的你赋能。我希望这本书能带你踏上一段旅程，让你在生活中成为一个信息和技术的生产者，而不仅仅是消费者。这本书也是写给世界各地的孩子们的，他们都有权在儿童早期的学校岁月里学习编程，就像他们有权学习阅读、写作和参与丰富的数学活动一样。通过分享我们的旅程，我希望能启发你每天都去寻找机会用有趣的算法来丰富课堂，拥抱丰富的不插电编程游戏和学习的契机，不管它们会以何种形式出现。

第 2 章

将瑞吉欧教育与计算思维联系起来

孩子们挤到地板上，一系列活动随之而起。附近有一篮子古氏积木棒[①]，孩子们正把它们首尾相接摆成一排。一开始这只是一个简单的测量活动，后来演变成测量整个教室的周长。在一个多小时的时间里，他们小心翼翼地将积木棒排好，边走边数。当他们遇到问题（比如遇到急转弯时该怎么办）时，他们会进行丰富的对话，参考以前的经验，团队共同决定如何前进。这项测量任务乍一看可能没什么，但却蕴含了丰富的计算思维。作为一个高效的团队，孩子们合作解决了一个有趣而复杂的问题。他们在方法上很有创造性，整合了以前的知识和经验，在探索中寻找模式，并与他人清晰地交流。他们对测量萌生的兴趣持续了好几天，每当他们从自身的错误中吸取教训并坚持完成任务后，他们都会变得更加自信和成熟。

什么是计算思维?

就本书而言，计算思维的定义是“提出复杂问题、理解该问题是什么以及开发可能的解决方案的过程，可以用计算机、人类或两者都能理解的方式来探索和表征”（Bitesize，2018）。对于计算思维的确切定义，在计算机科学中仍有很多争论。周以真是一位计算机科学家和教授，她提倡把计算思维纳入课堂，将其作为每名儿童教育的重要组成部分（Wing，2006）。周以真回顾了瑞吉欧教育的信念，即儿童应该被视为自己现实的有能力和有动力的建设者，有权作为民主空间的一员学习和生存。她认为，计算思维的经验对每名儿童来说都是不

① 古氏积木棒（Cuisenaire rods）：包括十种不同颜色及长度的积木，相同颜色的积木长度相同。——译者注

可或缺的。她进一步指出，计算思维是人类（而非一定是计算机）处理周围世界信息的一种系统，应该应用于许多其他学科。编程不过是一种语言，一种能够使用计算思维进行交流的语言 (Aspinall，2017；Bers，2018)。周以真将学习者视为程序员，认为程序员能够通过一定的过程对他们周围的世界进行实验。她的这些观点与瑞吉欧教育的基本观点有许多相似之处。计算思维与生成性课程中运用的探究过程有许多相似之处：

- 以新颖和创新的方式表征问题；
- 组织和分析不同形式的信息；
- 分析问题，并将其分解为几个更小的部分；
- 将问题组织成一系列有序的步骤；
- 观察、识别、分析和实施不同的问题解决方案；
- 确定最有效和最高效的解决方案；
- 纳入跨学科的问题解决模型。

作为一名教育者，我从不畏惧冒险，也从不抵触去看看少有人走的道路会把我们引向何方。我热衷于改进自己的实践。我把自己当成一个学习者，为了所有孩子的提高而不断地阅读、写作，并研究如何发展自己和我们的课程。在瑞吉欧教育的启发下，班上的孩子们塑造着我们的学习并指明了学习的方向，我也会跟随他们的脚步。我一直重视基于过程的探索。从扎根于社会心理剧（运用艺术的力量促成社会性改变）到目前醉心于建立孩子们的信心和数学思维方式，我始终坚信将错误视为成长机会的力量，并将我的教室视为教育研究和变革的实验室（McLennan，2008，2012）。在深入探索编程和计算思维对于生成性学习的作用之前，了解我的实践背后的一些教学理念是很重要的，这样你就可以了解我们的学习环境，并思考是哪些教学理念影响着你们自己的学习环境。

瑞吉欧教育的基本理念

在我的教学实践中，我将每名儿童视为一个独立的个体，认为他们生来就有一种内在的渴望，渴望与周围环境乃至更大的世界互动并深入理解其复杂性。瑞吉欧教育认为，儿童通过有意义的社会互动进行学习时效果最好，他们通过数百种符号语言进行探索和交流。我把游戏和探究作为我们共同活动的核心，并试图将儿童的兴趣、优势和下一步的改进融入我们的教室环境和活动中。教育者既是支持者和引导者，也会和儿童成为共同学习者，通过探究式项目进行丰富的探索。对瑞吉欧教育的深入学习帮助我认识到，编程也是儿童的数百种语言中的一种，它可以对儿童的学习产生深层的意义。当儿童有了想法时，他们希望在更大的共同体中分享，他们也有能力使用编程这一全球性的语言来实现自己的意图。编程超越了语言、文化，甚至时间和空间，可以将儿童的信息传递到世界各地，带来无限的学习的可能性，并对更多的儿童（而不仅仅是最初的那个编程者）产生积极的影响。不插电编程活动在许多方面与瑞吉欧教育的理念正好一致。下面举几个例子。

一个孩子在用古氏积木棒测量教室的周长

- **儿童的形象**：瑞吉欧教育将所有儿童视为坚强、有能力、有韧性的个体，相信他们能够指导自己的学习并构建理解周围世界如何运作的理论。教室被看作一个民主的空间，要鼓励儿童一起建立个人和集体的认知与理解。要为儿童按照自己的学习节奏进行活动或体验提供所需的时间和空间。所有成年人（教育者、家长和其他利益相关者）都有责任尽其所能地支持他们（Wein，2014；Wurm，2005）。
- **环境的作用**：瑞吉欧教育强调为所有儿童营造一个安全的、支持性的且富有美感的学习环境。环境中的工具和材料要根据儿童表现出的兴趣、优势和需求而变化和发展，并且有意识地加以选择，来支持儿童在自我驱动的项目中进行更深入的探索。编程不仅仅是一种认知活动，还是一种表达和创造的工具，儿童可以通过它分享他们真正关心的想法。环境的组织方式、材料的可获得性以及学习记录的始终可见，都体现了儿童作为有能力的学习者的形象（Wein，2014；Wurm，2005）。
- **儿童的一百种语言**：游戏被视为年幼儿童最有效的学习方式。在活动中，要鼓励儿童使用一百种"语言"来表征他们探索、思考、发现和交流对周围世界的观察和认识的不同方式。在我们的课堂上，我注意到这些语言是基于过程的，包括素描、油画、雕塑、建构、舞蹈，甚至是串珠。大多数时候，学习的过程（或行动）比结果（或作品）更重要。随着时间的推移，要鼓励儿童多次尝试和表征自己的想法，从而重新审视和完善自己的理解。学习是循环往复和有机统一的，而不是传统的线性进程（Wein，2014；Wurm，2005）。
- **与家庭和社区的关系**：家庭很重要，许多欣赏瑞吉欧教育的人也都赞同整个社区参与儿童养育的方式。家庭作为儿童利益的维护者，被视为良好的学校环境不可或缺的组成部分。我们欢迎家长进入课堂，因为他们能够分享自己的专长、资源、知识和支持，他们的想法、意见和经验有助于塑造我们的课程和政策。学校被视为社区的焦点，并欢迎家庭成员尽其所能为所有儿童提供最好的体验（Wein，2014；Wurm，2005）。
- **教师的角色**：在瑞吉欧教育中，教育者被视为课堂上的引导者，要"倾听"儿童的观察和提问，通过为课堂体验提供支架来支持儿童萌发的兴趣。理解型、反思型的教育者能够仔细观察和记录儿童的活动。教育者也是游戏伙伴和研究者，他们能在儿童的互动中发现更深层次的意图，并利用这些意图规划未来的学习体验。教室乃至学校中的所有成人要共同工作，以确保教育方法的一致性，重视儿童的探索，并确保有足够的工具、材料和经验来支持所有儿童（Wein，2014，2008；Wurm，2005）。

- **通过项目和记录进行学习**：当儿童在课堂上一起游戏和探索时，教育者要积极观察并与他们互动。当儿童对一个话题表现出好奇时，教育者要通过提供工具、材料和相应的活动来培育这个火种，引发儿童更深层次的探索。生成性学习是自发的，教育者需要和儿童共同经历起起伏伏，在探索的展开过程中注意计划和实施的灵活性。在这些项目中，教育者和儿童以小组的形式一起探索，基于先前的知识和经验并利用现有的材料来发展个人和集体的理解。教育者的观察和记录使儿童的学习“看得见”，并有助于制订后续的计划。教育者通常需要对课堂常规和活动反应机敏而灵活，与儿童一起即兴发挥，同时还要规划未来的学习机会（Wein，2014；Wurm，2005）。

计算思维所涉及的过程与瑞吉欧式课堂中采用的探究过程非常相似。思考一下你的课堂：

- 在课堂常规中，有没有可以实施这些想法的地方？
- 学习者的兴趣在指引活动方向上有什么作用？
- 你能否调整现有的一些课程，朝着生成性课程的方向做出一些小的改变？

认识到生成性课程的基本理念与计算思维之间的相似性是很重要的。编程有潜力成为年幼儿童进行学习所用的语言之一。

将瑞吉欧教育与计算思维联系起来

如果计算思维是解决问题的过程，那么编程可以被视为儿童表达的语言或表征。编程是将指令序列组合在一起并在活动未按计划进行时解决问题的行动。

随着儿童更深入地进行探索并发现他们在行动中的计算想法，编程也会不断地发生。编程能培养儿童的计算素养（Bers，2018）。编程能使你自由地与儿童一起冒险和犯错，并通过积极的视角重新审视这些错误！正如编程能促使儿童深入思考和探索未知一样，编程也能让教育者暂时摆脱每时每刻都必须做到完美的想法，进而和儿童一起拥抱混乱无绪的学习。瑞吉欧教育认为，儿童可以使用数百种符号语言进行探索和交流；与此类似，编程也可以作为一种语言存在于计算思维情境和生成性学习情境中。编程既可以是对问题的探索，也可以是对问题本身进行回应的交流。它超越了学科，作为一种灵活的用于表达的语言而存在。从瑞吉欧教育的视角来看编程是很有趣的。

如果我们把瑞吉欧教育中的儿童形象看作程序员，我们就可以得到以下几个结论。

- 游戏是年幼儿童学习的最佳方式。通过游戏，儿童可以在安全和支持性的环境中冒险、预演现实，对某些情况试验各种不同的反应，并了解自己和周围的世界。他们可以自由地表达自己的情感，看到自己的生活是怎样与周围的人产生交集的。儿童有机会从多个切入点开始游戏性的、无风险的编程。
- 儿童随着时间的推移不断成长和发展，在身体运动的过程中粗大动作技能和精细动作技能都会得到加强。结合了身体运动的大型身体编程活动可以吸引动觉型学习者，还可以结合创造性动作来吸引年幼儿童。更加错综复杂的任务可以调动多种感官并改善精细动作控制能力。
- 随着儿童经历更复杂和更具挑战性的情况，编程活动可以培养认知技能和高阶思维。不同的控制结构可以区分相应的体验，并鼓励儿童更深入地思考编程使用的符号表征。指导编程活动的教育者可以根据他们对特定儿童兴趣、优势、需求和后续学习步骤的了解，调整任务或提出挑战。
- 在编程活动中从符号的角度探索语言，可以为儿童日后阅读和写作的成功奠定基础。儿童可以阅读、分享、修改和操作游戏中用于表征想法的符号，可以通过扮演不同的角色从多方面加强他们的口头语言能力。提供明确的指令，将它们转化为各种稳定的表征（符号的、文字的），并积极主动地倾听，所有这些都可以确保编程活动的成功。

- 当儿童在结构化和开放式的编程游戏中按照社会规则进行协商、合作、轮流和游戏时，他们的社会交往能力就会得到发展。
- 我们将儿童视为有能力的程序员，为他们提供时间、资源和支持，鼓励他们通过自我引导的项目建立自己的理解，观察并响应他们的需求，并在此过程中提供支架和支持。
- 我们提倡儿童成为信息和技术的生产者而不仅仅是消费者。
- 我们支持儿童在课堂之外分享他们的编程知识，以启发社会改变对于“年幼儿童能够取得哪些成就”的成见，并鼓励在更多课堂上积极使用不插电的技术。

瑞吉欧式的教育环境能以多种方式支持计算思维活动：

- 提供安全和支持性的空间，使学习者可以在自己的编程活动中冒险，并将所犯的错误作为改进自己探索的学习机会；
- 反映课堂上的儿童，让儿童看到自己在整个空间中的表现——他们根据自己的兴趣和想法，与教育者共同创建学习区，并将其转化为他们的编程项目；
- 提供真实和相关的学习材料，这些材料与儿童的兴趣有关，并且随着时间的推移而变化，以体现他们在编程活动中所经历的成长和变化；
- 提供充满有趣事物的审美环境，激发儿童的好奇心、探索欲和想象力，从而产生丰富的编程项目；
- 灵活使用时间和空间，根据儿童的需求及其正在从事的不同技术项目进行调整；
- 摆脱死记硬背的做法（包括使用纸笔练习、教科书和测验），采用非常规的认识和存在方式。

编程可以成为瑞吉欧教育的一百种语言之一，这一认识体现为以下几点：

- 教育者认识到，儿童可以在有意义的情境中使用许多不同的符号（例如编程游戏中出现的图画、箭头和网格图），以非传统的方式书写、阅读和使用语言；

- 在扮演程序员和计算机的角色时，儿童可以成为有效的沟通者，以清晰、简洁的方式发出和接受指令；
- 计算思维是学习的过程而非结果，任何编程活动的最终结果不一定是编写出的代码，但一定有儿童在活动过程中获得的技能、知识和经验；
- 教育者尊重儿童学习的不同形式及其表征，鼓励他们继续使用代码重写自己的想法，直到他们表达得尽可能地清晰；
- 儿童和教育者重视所有学习的语言，对编程也一视同仁。

家庭和社区可以通过以下方式支持儿童计算思维的发展：

- 认识到所有儿童都有权利学习编程，并倡导所有儿童要有公平的接触技术的机会；
- 积极提供志愿服务的时间和资源，以支持课堂上的计算思维活动（例如分享特殊的兴趣或才能，或邀请儿童了解技术如何促进他们的工作）；
- 研究如何在家里更好地支持基于技术的活动，尤其是对那些兴趣浓厚、已经准备好以新的方式应用自身理解（比如探索编程应用程序）的学习者；
- 示范和支持成长型思维方式，将儿童的错误视为学习和成长的机会；
- 自己成为程序员，为儿童树立终身学习的榜样。

提倡在课堂上使用技术的瑞吉欧式教育者，会展现并认同以下品质：

- 放弃舒适和熟悉的教学实践，拥抱变革、进步的旅程；
- 信任自己、儿童以及学习的过程；
- 对于在不熟悉的领域中工作感到很自在；
- 明白学习是一项团队活动，并邀请同事加入他们的旅程；
- 做儿童探索的引导者，倾听他们的故事和提问，支持他们的兴趣，为他们运用技术的语言更深入地探索疑问搭建支架；
- 观察儿童在学习环境中的情况，响应他们的学习兴趣和需求，继而熟练和灵活地规划与实施新的编程活动；

- 使用各种工具和资源（照片、视频、逸事记录、对话转录），仔细观察和记录儿童展现计算思维的时刻；
- 通过仔细收集、组织、呈现和反思教学记录，让计算思维活动中发生的学习变得可见；
- 与儿童一起成为程序员，参与游戏性的和真实的探索，解决问题，并反思如何提升经验、继续前进；
- 做倡导教育变革的先驱。

探究过程

探究过程一共分四步，它使儿童能够探索周围世界中有意义的问题。许多不插电编程活动都可以遵循探究过程。探究式学习鼓励儿童探索他们感兴趣的领域，或解决与他们的生活直接相关、让他们感到好奇的问题。教育者可以运用真实的资源和日常生活情境，经常提供探索和反思的机会，以此支持儿童的探究。在儿童探究的过程中，教育者可以将课程和评估贯穿其间，在完成教学任务的同时忠于探究的意图。这与那些更习惯传统教育实践的人所采用的方法截然不同。教育者和儿童在探究过程中扮演着多种角色——发现问题、收集信息、相互支持、试验不同的解决方案，以及向更多的受众传达他们的发现。探究过程可能因儿童而异，但通常都遵循与传统的数学方法相同的问题解决范式（Heick，2019）。

探究的第一步，通常是由儿童真实的提问、需求、好奇心或教师提出的邀请和挑战引发的。它可能与自选活动期间出现的疑惑有关，也可能是一日常规活动中出现的问题或疑问所致。儿童会用许多问题来帮助自己完善探究并缩小探索范围。

一旦生成了可探索的主题，儿童就会运用他们现有的知识和经验，更好地反思自己关于这个主题或有待探索的问题已经知道了哪些，经历过什么。在这第二步中，他们可以根据需要修改最初的问题，或者把它分解成更小的、更容易处理的探索环节。利用丰富的信息，包括教室中的资源和教育者的指导，儿童可以设计一个如何推进探索的计划。他们可以同时咨询其他信息来源以获得支持和指导，并不断完善他们的计划，以确保他们在探索中不偏离主线。

在探究过程的第三步，儿童把他们的计划付诸行动，并检验自己的想法。在探索的过程中，他们会一直观察并收集关于研究进展的信息。儿童可以重新审视自己的计划并调整探索方向，必要时收集新的资源和信息。儿童可以监控自己的进度，以确保正在按计划实施。在探索收尾时，他们可以收集、组织和解释自己的发现。

在探究过程的最后一步，儿童可以反思他们的探究历程，并得出最终结论。与他人分享新的知识和理解是很重要的，儿童可以自己决定最有效的交流场所。反思整个探究的经历也是很重要的，儿童可以运用他们新的知识和理解，以某种方式对未来的探索进行思考。也许在探究过程中会产生新的问题，而他们想把这些问题作为下一步学习的主题。

在整个探究过程中，教育者扮演着引导者、辅导者、共同研究者、观察者和记录者的角色。这是具有挑战性的、多方面的角色，要求我们在支持儿童的过程中体验多重现实，收集他们学习的证据，利用观察来推动学习，并记录所观察的内容以使他们的学习变得可见。放弃对课堂的控制并信任一个我们从头到尾都没有建构的过程，需要勇气。这样做既令人兴奋，又令人恐惧。勇于探索未知，相信自己作为教育者的能力并信任你所面对的儿童（以及对你的课程和评估职责有充分的了解），将为你提供踏上这段旅程所需的支持！有时，教育者会带头；其他时候，我们则只需跟随儿童的脚步。

将瑞吉欧教育与编程联系起来

在本章中，我分享了关于瑞吉欧教育法的信息，希望它能启发你思考真实的、生成性的探索在你的课堂中可以发挥的作用。瑞吉欧教育的基本理念与让儿童在课堂上时常参与提升计算思维的活动的益处存在许多相似之处。编程既可以作为一种用于表达的语言，也可以作为真正的儿童主导的活动，启发儿童创造可供探索的复杂的表征和现实。

这些方法深刻地指导了我的实践，塑造了今天的我。我的课堂和现实环境与你的不同，对我有效的方法对你来说未必同样有效。然而，在我阅读、学习和成长的过程中，我在不断吸收新的想法。我们的课堂和课程随着时间推移在持续演进，随着我和孩子们的共同学习而不断发展和变化。向孩子们介绍编程，促使我开始反思传统的教育模式，以及如何以创新的方式运用复杂思维、解决问题。引导孩子们参与日常的数学和语言活动，是每位教育者的责任；怎样做则是我们的区别所在。充满活力、引人入胜、令人兴奋的不插电编程活动，可能是点燃激情火花、培养每个孩子都应该拥有的成长型思维所需要的催化剂。

在本书的后续章节中，我希望能启发你重新思考自己的教学实践，并考虑如何通过编程提升你为孩子们提供的课程。书中的活动简单且易于理解，适合不同经验水平的孩子。这些活动只是基本框架，你可以根据班上孩子的兴趣、优势和需求，以及你们正在探索的问题情境进行调整。如果你或你班上的孩子是编程新手，你可能会发现从本书的开头开始循序渐进地学习会很有帮助。你也可能更喜欢跳过一些内容，随着课堂上出现的兴趣点尝试不同的活动。当你们尝试新的活动时，请努力成为有能力的知识生产者，并在课堂之外分享你们的想法！你最了解自己班的孩子。最重要的是冒险走出第一步，稍微跳出你的舒适区，成为一个共同学习者，把错误重新定义为机遇，拥抱成功，和别人一起庆祝你的成就。这是一项艰巨的任务，但如果你能做到上述全部，那么你就已经踏上了成为高手的旅程！

第3章

认识和操作编程板

奎因冲下校车，手里抓着一幅画。他的步子没跟上我，差点踩空最后一个台阶。

“妈妈！我做了一个电脑游戏！看！”果然，他手里拿着的那幅画上似乎是一个屏幕，下面带着一个键盘。

“给我讲讲你的游戏吧！”我鼓励他。

奎因接着讲述了一个丰富而详细的故事，说的是一位英雄为了逃离坏人而不断跑着、跳着，穿过“屏幕”上的迷宫和隧道，第一个拿到了宝箱。讲述故事时，他还用手指在画中勾画出人物的动作。

“它是怎么工作的？”我好奇地问。

“哦，我不大清楚，”他耸了耸肩说，“这只是假装。我不知道怎么把它变成现实生活中的游戏。但我希望我能做到——那样会非常令人兴奋！”

你对本班课堂上的学习者有什么印象？在瑞吉欧式的教室里，儿童被视为民主的学习环境中充满好奇且有能力的成员，在这里他们探索并创造对周围世界丰富而复杂的理解。接受这一观点的教育者认为，儿童来到学校时，已经有了丰富的经验和想法，他们受到自身学习和成长欲望的驱动。每名儿童都是独一无二的，要为每个个体提供他成功所需的时间、空间和资源。

在我上面分享的例子中，很明显奎因是一个充满好奇心和创造力的孩子，他通过绘画这种语言表征了他玩想象游戏的前期经验。他了解这个故事的许多组成部分，包括场景、人物和情节，但不确定如何使用一个程序把他的想法变成一个游戏。花一分钟思考一下，你认为下一步怎样做才能更好地支持他的这个兴趣？如果奎因是你班上的孩子，你会如何利用他对故事和游戏的兴趣来为他的学习规划后续步骤？大多数教育者可能会默认将阅读和书写融入奎因的经验中：给他读关于游戏的故事书，让他写出与画面内容相对应的句子，或者给他介绍新单词以帮助他丰富词汇量。由于我经常和孩子们一起编程，我就会以不同的方式看待他们的探索。奎因的画让我想起了本书前面提到的地图游戏。他的画是一幅故事地图，表征了某件事发生的时间和地点。帮助奎因将他的经验迁移到一块不插电的编程板上，会是一个富有意义的步骤，可以更好地支持他的兴趣，使他的角色动起来，再现他的故事，并将他的学习扩展到更好地理解程序员是怎样在计算机上编写故事的。

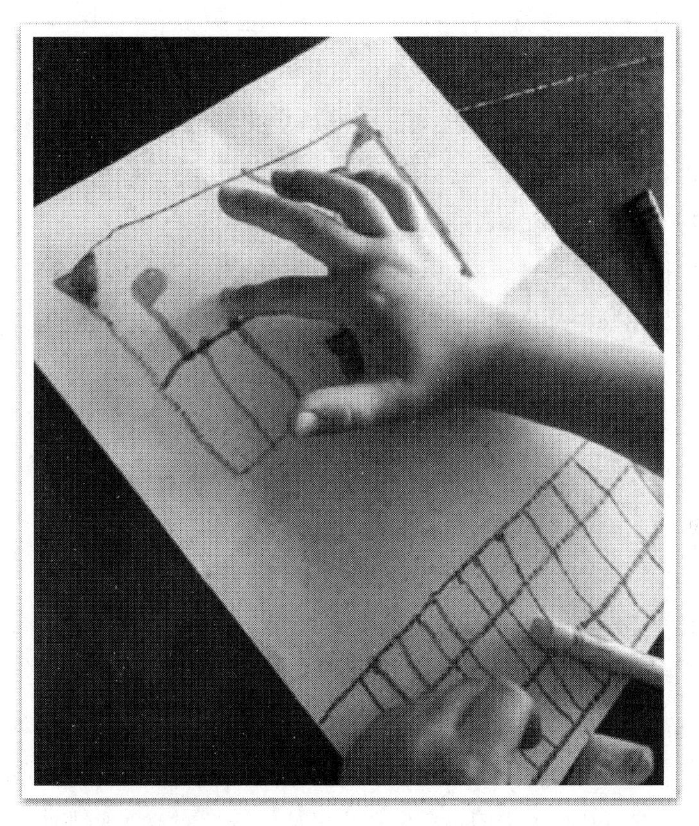

一名儿童一边指着自己绘画的一部分，一边解释他画的是什么

编程的基本要点

在我们精通任何一项新活动之前，我们必须先熟悉并适应其基本要点——

所需的材料、常用术语、流程或活动设计、规则，以及我们利用它们让自己获益的操作方法。这对于刚接触编程的教育者来说尤其重要。我们希望在活动范围内感到足够舒适，以便我们根据孩子的兴趣和需求为他们提供支持。我们不需要成为专家，但我们确实需要具备足够的知识才能在工作中游刃有余。随着我们更深入地研究计算思维，我们可以与儿童一起成长。瑞吉欧式的教育者认为儿童能够胜任自己的探索。他们会为其提供具有挑战性的工具和材料，供他们自由使用，或在教育者深思熟虑的指导下使用。想想你自己学习新事物的经历。例如，第一次学习骑自行车的时候，我们必须学会使用很多东西（刹车、踏板、车轮），但是理解“骑自行车就是要在运动中保持平衡”这一点也很重要。有了足够的耐心和大量的尝试，一个人会更加熟悉并适应骑行，也许最终会冒险离开道路，进入更具挑战性的地带，如林间小径和自行车存放处。我们也可以用同样的方式看待编程。

在这本书中，我将分享自己多年来探索过的数十个编程游戏和活动。其中有些是教师发起的，是呈现给孩子们的全新内容，供他们考虑和参与；另一些则是直接回应孩子们的问题或兴趣。不管活动是怎样引发的，让孩子们参与每一次编程活动的模式都是一样的。每个活动的基本模式结合了我所了解的三段式数学活动的最佳实践，同时会融入自选活动中观察和记录的信息。每个活动包括：准备工作、“思维”热身、作为主体的“操作”活动、实践和巩固。

在活动开始之前，我会收集相应的资料，考虑孩子们可能对相关的概念有哪些前期知识和经验，并预测这些活动可能会达成哪些课程和评估标准。

活动开始后，我会通过思维热身的形式向孩子们介绍一些关键词语。我会说明活动所需的各种材料，并邀请他们参加一个开放式的活动，以激发他们的兴趣并为接下来的活动做好准备。这个活动有时是分享相关图书或视频，回顾以前的经验，有时则是提出问题或发布小挑战，让他们独立或结对来完成。

活动的中间部分，孩子们会参与一项主要的编程活动（我称之为“操作”活动课）。首先面向全班进行示范，然后孩子们全班一起或两人一组进行实践。要在这项活动与孩子的前期经验和想法之间建立联系，思维热身活动中的任何相关信息也都要融入其中。在这段时间里，孩子们会使用相关的术语，并获得教育者和同伴的直接支持。

然后，孩子们可以在当天后续的游戏体验和区域活动中应用他们在课堂上探索过的想法和活动。这为他们提供了额外的时间来进行实践、探索、实验，与他人分享自己的经验，并使用编程活动来支持他们自己的想法。在一天结束的时候，孩子们会再次聚集在一起进行实践和巩固，面向全班与同伴分享他们的学习、反思他们的经验。在此期间，孩子们在编程活动中遇到的任何问题或烦恼，包括代码存在的问题或需要帮助的挑战，都会引起全班的注意。我会尝试将孩子们的观察和经验与我们一开始的活动联系起来，并向他们征求有关"接下来怎么做"的建议。活动后，我会记录下对孩子们所做的重要观察，"复盘"这段经历，看看我们可能实现了哪些我最初没有预料到的课程目标，并为下次活动制订计划，以推动孩子们的思维向前发展。

在整个编程活动中，我会通过观察和记录收集相关且重要的信息，以评估孩子们的经验，更好地理解他们的学习，并为后续的编程活动做好计划。记录是复杂的，它指的是从孩子们那里收集证据和作品的过程，以赞赏他们的经验，并让家长、管理部门和同伴看到他们的学习（Wein，2008，2014）。通过记录的过程，教育者可以将不同的事件联系起来，反思以前的编程活动，并为将来的编程活动做准备。我发现，在编程活动中，可以用很多方法成功地收集、分析和分享各种形式的记录。照片和视频有助于展示孩子之间的合作以及孩子们在游戏中创造和使用的复杂作品。关于孩子谈话的录音或文字记录可以展示他们在整个过程中运用的沟通和问题解决的能力。访谈孩子可以为教育者对孩子设计过程的具体问题提供详细答案，而教育者的叙述和反思有助于整合各种各样的学习成果。在我们班，我们会借助公告板、个人档案袋、学习故事以及社交媒体，收集并展示这些记录。在课堂之外分享这些记录，有助于其他人与我们的编程之旅建立联系，让家长们了解他们的孩子在学校正在学习的内容，并让孩子们成为信息的生产者，从而为在课堂上编程的整体体验做出贡献。

认识编程板

在你的课堂上，无论编程开始于教师对孩子发出的学习邀请（你向孩子们提出这项建议），还是对某个孩子的疑问的回应（孩子将其作为一项探索活动向你提出建议），都要为孩子们提供足够的时间来熟悉所需的材料、使用常用术语并扎实掌握基本规则，这些对他们随后的成功很重要。在我们的课堂上，我们早期的编程活动大都是使用一块编程板，用它来代表计算机的硬件，帮助我们实现编程活动的特定意图。

编程板可以帮助孩子们学习相对位置的概念，或者说如何用一个物体与其他物体的关系来描述它在编程板上的位置。编程板还能帮助孩子们学习用不同的方式表征自己的想法。我们的编程板是在一大块废旧的有机玻璃上按网格的形式贴上美纹胶带而制成的。其他人也很容易制作网格图：可以在地毯或桌面上用美纹胶带做标记（用于创建非常大的网格图），在透明浴帘或桌布上使用油性笔绘制网格（易于运送到学校的其他区域，例如走廊或户外），在室外的地面上涂画防水线，或使用废旧棋盘（以增加多样性和趣味性）。无论你制作网格图的方法是什么，重要的是它要足够大，让所有的孩子都能看到和使用。年幼儿童渴望通过实际操作来了解周围的世界。能够使用编程板进行自由探索是很重要的，因为孩子们需要时间来操作各种物体，并将他们以前的空间推理经验和想法融入新的经验中，从而达到更深入的理解。

编程网格图和箭头编程卡是许多不插电编程活动的
基本材料

除了编程板之外，在编程中使用低结构材料进行操作也很重要。可以将低结构材料设置为编程中的人物角色，以吸引孩子的兴趣，并在最初的编程活动中为创编故事提供情境。要跟随学习者的引导，选择他们非常感兴趣和有很高故事讲述价值的那些材料。在我们的课堂上，我们经常使用教室中容易找到的低结构材料，如汽车、娃娃、恐龙或其他动物的微缩模型，甚至是把孩子们的照片粘在积木上，把它们作为游戏道具。我把这些称为“编程角色”，因为它们是可以随着故事情节的发展在编程板上操作的小道具。如果说编程板是故事的场景，那么低结构材料就是游戏中可供操控的角色。在丰富细节时，我们也可以使用低结构材料来更好地为我们的编程故事设定场景（比如，绿纸做的草地用于复述《三只山羊嘎啦嘎啦》，蓝毡布做的海水用于海洋探险，或者木质积木作为桥梁供小汽车在上面行驶）。这样的丰富和提升能为我们的游戏增加趣味性与多样性，吸引孩子并增加最初的“认同”因素。

建立游戏的基本规则对所有孩子来说都很重要，这样他们才能对编程过程中发生的事情有共同的理解。它还有助于教育者在不熟悉的情况下工作，因为它提供了一个起点。在计算思维中，数据表征是计算机中存储和操作数据的形式。在早期的编程活动中，孩子们可以在编程板上用符号（比如箭头）表征自己的想法，这些符号代表某种类型的动作。

建立共同的规则也很重要。箭头可以表示方向，箭头的总数可以表示角色需要在该方向上移动的次数。有了经验之后，孩子们可以创新他们自己的编程指令并确定每个指令的表征，以便对新的“语言”形成共同的理解。

基础的编程游戏

以下是一些基础的游戏，可以帮助孩子们熟悉基本的不插电编程游戏中使用的硬件、语言和规则。在每个活动中，我将阐述所需的材料，关于如何开展游戏的指导，以及教育者可以通过哪些观察来评估学习的建议。这些描述简短且易于理解和实施。当你阅读时，可以考虑这些活动在你的课堂上可能扮演的角色，怎样调整这些活动以更好地满足本班孩子的兴趣、优势和需求，以及它们与你的课程目标之间的关系。还可以考虑一下，这些活动可以怎样与其他的课程领域（比如读写、数学和艺术）相互补充。当为你的游戏选择故事（场景、角色或情节）时，思考一下你可以如何用孩子们当前的兴趣或者最喜欢的读物引出你的不插电编程活动。

自由探索硬件

材料： 编程网格图，可操作的低结构材料（作为角色道具），箭头编程卡。

指导： 为孩子们提供自由探索材料的时间，以激发他们对材料之间关系的思考。将网格图放在孩子们容易取用的地方，并提供低结构材料和箭头编程卡（将其分门别类装在不同的篮子里）。孩子们可能会结合以前有关地图和下棋的经验，如在网格图中移动角色，放置箭头来记录他们已经走过

一个孩子在自由探索时间在编程板上操作他创建的角色

或打算走的路径。有些孩子可能会把网格图作为图形管理器，根据箭头的方向按行进行分类。其他孩子可能会用卡片和低结构材料随机填充网格图中的方格，或者在这些方格中创建模式。观察孩子以确定他们关于这些材料的已有经验，了解他们已经能够怎样使用这些材料，并收集他们可能会有的问题。使用开放式问题与孩子们互动，以便更好地理解为什么他们会以这些方式操作材料。尽可能地使用数学术语（“我看到你正在把这些箭头放在一条水平线上”或者“你正在对卡片进行分类，因为它们都有一个共同的特征”）。可以示范材料的用法，把低结构材料放到网格图中的不同区域，然后在方格中放置箭头来展示它们可以采取的移动路径。这些观察可以指导你的工作，并为后续的活动提供信息。

观察：孩子们对活动和材料感兴趣吗？他们是协同操作还是独立操作？他们的游戏中是否出现了故事？你看到了哪些与数学、语言相关的行为？游戏中的某些部分能作为下次集体讨论的提示吗？孩子们需要更多的时间来自由探索这些材料，还是已经做好准备并渴望前进到更有组织的编程活动？

延伸：考虑孩子们的准备情况如何，以及在下次集体活动时间引入更正式的编程活动是否切合实际。如果答案是肯定的，计划一下这次编程活动的情境可能是什么，如目前的兴趣，最喜欢的读物。收集相关的材料，为吸引孩子参与活动并激发他们的好奇心做好准备。

等孩子们对编程材料感到熟悉后，教育者就可以计划下一次集体活动，以帮助孩子们形成经验并建立概念联结，即编程涉及创建一个指令或动作的序列，并传达给他人（或计算机）执行。可回顾孩子们第一次探索网格图时的自由游戏过程，如果可行的话，可以展示照片来强调你的观点。在你们的集体谈话中，要强调虽然在编程板上生成了丰富的想法，但是如果没有某种秩序或规则，就很难理解游戏中的指令。现实世界的体验，如编程板上的操作，可以用特定的方式表征，以便所有使用者都能理解。可以向孩子们解释，**算法**（algorithm）是为实现最终的结果或目标而按顺序采取的一系列步骤或动作。算法可长可短，这取决于编程者的偏好。步数在游戏中有时候并不重要，但在其他时候却很重要（比如找到最快或最有效的路径才能赢得游戏时）。当孩子们为了在编程板上移动一个物体而发出分步指令时，他们就是在用算法进行交流。教育者可以使用编程板、低结构材料和箭头卡片向孩子们演示，角色在网格图中所走的路径可以用这些序列或算法表征。

引入算法

材料：编程网格图，可操作的低结构材料，箭头编程卡。

指导：与孩子们一起创编一段引人入胜的故事情节。也许最近的探究或朗读活动可以作为灵感指导本次活动。在我们班，孩子们编写的第一批编程故事之一，是为了把万圣节时一个玩“不给糖就捣蛋”的角色道具从一家移动到另一家——这是一种非常有趣的体验，所有的孩子都可以与之产生共鸣。确定一个起始点来表示编程路径的起点；确定一个终点，即角色停止的地点。说明在网格图中可以水平或竖直移动（不能是沿对角线移动），并且每次只能走一格。鼓励孩子们分析角色在网格图中可能会走的各种路径。当孩子们阐明他们的想法时，在网格图中相应的每个点放置一个箭头来表征他们所说的内容。

持续在网格图中放置箭头，直到清晰地呈现整个路径。以这些箭头编程卡为指引，手持角色道具沿着路径操作，使其清楚地触及网格图中相应

孩子创建的一条编程路径，指引动物找到食物

的每个点，从一格跳到另一格。不要偏离路径。在角色道具跳的过程中，向孩子们大声解释，你正在沿着既定的路径，从起点向终点移动你的角色。走完了这条路径后，移除箭头，确定新的起点和终点，并鼓励孩子们为角色创造一条到达终点的新路径。

观察：孩子们对这个活动感兴趣吗？他们是否沉浸于游戏体验中，即使还没轮到他们操作材料？他们问了关于游戏的什么问题？他们对如何扩展或增强游戏体验有什么想法吗？在没有成人指导这个区域时，孩子们在用这些材料做什么？

延伸：把上述材料放在一个区域，供孩子们在有教师指导的区域活动时间或自选活动时间去探索。观察他们的互动，注意他们在讲述编程故事或解决出现的问题时，是如何使用编程材料并相互交流的。考虑如何将你的观察结果融入后续的活动中。

当孩子们熟悉了在编程板上操作角色时，他们对使用箭头编程卡表征编程序列的理解就会加深。要让孩子们有机会看到并理解，编程的语言并不总是直接嵌入网格图中，这将有助于他们内化这种新语言。达成这一点的一种方法，是将算法从网格图中移除，以不同的方式记录它。这有助于为在课堂之外以能够共享和理解的形式分享编程语言奠定基础。

阅读和书写算法

材料：编程网格图，可操作的低结构材料，箭头编程卡，纸，记号笔。

指导：以类似于前一个活动的方式，鼓励孩子为编程游戏设定情境，包括熟悉的场景、角色和故事情节。确定起点和终点。向他们示范角色从起点到终点可以走的路径。不要将箭头卡直接放在网格图上，而是将它们按顺序放在网格图旁边。相同的箭头卡可以排列在一起。例如，编写算法时不要将所有箭头卡摆在同一行（向前、向前、向右、向右、向右），而是将相同方向的箭头卡放在同一行（第一行是向前、向前，第二行是向右、向右、向右）。一旦孩子们能够熟练地阅读从编码板上分离出来的分行代码，就可以展示这些代码并提出挑战，鼓励孩子们阅读代码，并根据他们在这个算法中看到的内容移动他们的角色。

这种类型的表征使得孩子能够使用可被其他使用者执行的表征性的、书面的语言来记录他们的代码。他们不用口头解释其角色在编程板上移动所必须执行的代码，而是可以创建一个可供其他人阅读和使用的永久表征。还不会画箭头的孩子（画箭头对很多年幼儿童来说出奇地困难）可以操作已预先画好箭头的便利贴，或者使用成人提前制作好的箭头剪纸。

观察：孩子们是否理解，在编程网格图上所采取的步骤可以用箭头卡这样的符号进行表征？如果他们在画箭头，他们是否做得有效并控制得当，使得其他人能说清楚他们的指令？孩子们对以这种方式记录编程路径是否感兴趣，还是说他们有不同的想法？孩子们能把书面文字翻译成代码，然后再翻译回去吗？

延伸：在自选活动时间，给一个小组提供材料。鼓励孩子们继续创建自己的编程路径，并按正确顺序排列箭头编程卡来表征他们的指令。也可以先提供编程序列，鼓励他们使用低结构材料在网格图上执行该序列，这样做也有助于将算法这个抽象概念转变为更容易看到和理解的东西。

我发现，在活动过程中，孩子们非常热衷于为自己的编程路径保存一份永久性的记录。对于那些他们投入很多感情的故事或想要在现实生活中表演出来的故事来说，更是如此。要实现这一点，一个简单的方法是提供更小的编程网格图，他们可以直接在上面操作和书写。纸上编程的活动对不同学习风格的孩子都有吸引力，还能帮助他们为自己的编程体验创建一份持久的记录，让他们可以带回家与家人分享。这些也是适合添加到教室各处用于展示记录的作品（连同照片、叙述、对话记录和其他物品一起），可以让外部人员看到孩子们的深度学习。

网格图纸上的编程

材料：复印的网格图纸（方格的大小视本班实际而定，可大可小），书写材料。

指导：与前面的编程活动类似，鼓励孩子为他们的编程创编故事情节。他们可以在网格图上选择一个起点和终点，并相应地进行标记。将起点标记为绿色，终点标记为红色，可能是一种有用的视觉提示。孩子们可以分析从起点到终点的不同方法，规划自己的路径。他们可以使用铅笔或记号笔在网格图中相应的每个方格里直接画箭头，以此来表征角色可能采取的路径。这些也可以用箭头代码写在网格图下方，表明从起点到终点需要采取的那些步骤。

观察：孩子们能把他们在实物形式的编程网格图上的经验迁移到符号化的网格图纸上吗？网格图的大小（包括纸张和单个方格的大小）是否适合他们的兴趣和需求？网格图应该以某种方式进行调整吗？孩子们还在他们的编程网格图中加入了哪些其他材料？孩子们还想用编程网格图做什么？孩子们对于将活动从实物网格图转移到网格图纸上是否感兴趣？

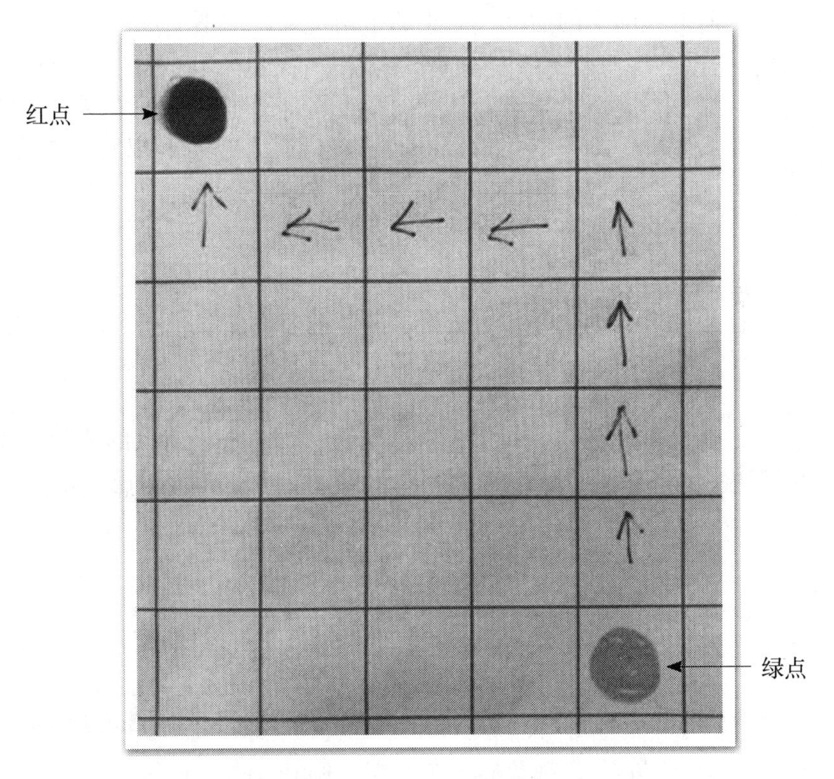

绿点表示编程路径的起点，红点表示终点，相关的每个方格中都绘制了方向箭头，显示了从绿点到红点的路径

延伸：为孩子们提供各种各样的网格图。询问他们的建议，包括什么可以增强他们的体验，或者丰富他们在网格图上展现的故事（贴纸、不同的颜色等）。考虑在一个大的开放区域提供一张巨大的网格图纸，鼓励所有孩子在上面合作开展游戏。网格图纸也可以寄回家，供家庭用作“家园联系”的材料，以更好地支持你们在学校开展的工作，并邀请他们更好地了解孩子的编程活动。可以将网格图融入学校的其他区域，包括户外，并鼓励孩子们使用它们来记录自己的故事。

随着时间的推移，我注意到尽管孩子们很快就明白了如何在网格图中操作角色，但他们仍在用“向上”“向下”来描述角色的运动，而这并不一定是准确的。当移动一个角色时，用来指示方向的语言应该基于那个特定角色的视角。对我们来说是向上或向下的运动，对于那个角色来说却不一定是准确的方位语言——使用“向前”和“向后”会更好。我还发现，“向上”和“向下”这两个表述具有误导性，因为它们表示竖直方向上的运动，而我们使用的二维编程板是水平的。

图书是从情感上吸引孩子参与活动的绝妙方式。丰富而详细的插图可以帮助孩子运用空间技能来理解画面，教育者也可以引导孩子参与丰富的讨论，分享以前的经验并与当下建立联系，从而加深对视角的理解。图书还可以促使孩子们在特定情境中使用方位语言，帮助他们将口头语言与画面联系起来，并尝试在有意义的情境中使用方位语言，以便后续在编程板上将它应用于更高级的编程。这样做也能加强他们对视角的认识。

引入视角

材料：促进视角采择的图书，包括莫莉·班（Molly Bang）的《黄色的球》（*Yellow Ball*），凯瑟琳·艾尔斯（Katherine Ayres）和娜丁·伯纳德·韦斯科特（Nadine Bernard Westcott）的《往上，往下，绕啊绕》（*Up, Down, and Around*），佩特·哈群斯（Pat Hutchins）的《母鸡萝丝去散步》

(*Rosie's Walk*)，亨利·科尔(Henry Cole)的《大虫子》(*Big Bug*)，安娜·康(Anna Kang)和克里斯托弗·韦安特(Christopher Weyant)的《你(不)小》[*You Are (Not) Small*]，大卫·威斯纳(David Wiesner)的《海底的秘密》(*Flotsam*)。

指导：根据本班孩子的兴趣和需要，用适当的时间探索每一本书。当你大声朗读故事时，鼓励孩子们细致地观察画面。通过出声思考，分享你自己的观察，并鼓励孩子们讨论他们对故事中每一幅画面的认识和想法。使用与角色视角相关的方位语言来描述每一页上发生的事情。当孩子们仔细研究故事情节和画面时，让他们考虑角色的视角和他们自己的解释。在随后的活动中使用编程板引导角色移动时，鼓励孩子们联系自己的经验。在编程板上编程时，要帮助他们建立联系，即移动的角色相对于其他事物的位置。在规划路径时，考虑鸟瞰图有时可能会有所帮助。在班里的感知桌上放置可以代表故事角色的道具。鼓励孩子们使用道具复述故事，并在与他人的互动中尝试使用方位语言。

观察：这些书对孩子们有吸引力吗？孩子们能有效地使用画面来帮助他们理解吗？讨论在每个故事中的所见所想时，他们能否在正确的情境中使用方位语言？他们的对话与自己的生活建立了哪些联系？他们对在后续的活动中使用这些书有什么想法？

延伸：考虑将这些书放在班级图书馆中，供孩子们进一步阅读和探索。有些书可以用来丰富感知桌，促进戏剧表演和探索(比如在沙水桌里放一些低结构材料来代表故事中的角色和场景)。鼓励孩子们使用低结构材料复述和改编故事。这些书也可以放在书写区，孩子们在创作自己的故事并绘图时，可以参考这些书以获得灵感。

一旦孩子们习惯了使用算法创建和表征编程路径，他们就可以挑战以策略性的方式操作角色，丰富其设计过程，这是解决特定问题所要采取的一系列步骤。在编程板中引入障碍物，是一种有趣且具有挑战性的方式，可以激励孩子们解决更复杂的问题。障碍物是指阻止角色使用网格图上某一特定方格的物品。如在万圣节主题的编程游戏中，孩子们将可怕的物体(包括塑料的蜘蛛和蝙蝠)放入方格中，这样角色就无法使用这些方格了。当在网格图纸上编程时，孩子们可以通过划掉编程路径中无法使用的方块来表现障碍物。慢慢地引入障碍物——一次一两个，使孩子们能找到绕过障碍物的策略，依然成功到达终点。等到他们对自己的能力有信心后，可以用障碍物完全阻断一条路径，问他们如何解决问题。提出这个挑战时，我班上的孩子们建议创建一个新的代表“双脚跳”动作的编程卡，这样这些角色就可以跳过路上的任何障碍。不过，或许你班上的孩子可能对他们想要表现和探索的角色动作有其他的想法（比如飞、跨、弹或荡过去）。

引入障碍物

材料：编程网格图、可操作的低结构材料、箭头编程卡、障碍物（如积木或石头）、纸、记号笔。

指导：创编一个有场景和角色的故事。确定起点和终点的位置后，用障碍物挡住编程网格图中特定的部分。这些空格不仅角色无法使用，也不能包含在算法中。鼓励孩子们规划出他们的路径，必要时可以将箭头卡直接放在编程网格图上，也可排列在编程网格图旁边。根据编程板的难度，鼓励孩子们操作角色安全地绕过障碍物，直到成功到达终点。当孩子们做好准备后，向他们提出挑战，用障碍物挡住网格图中的整片区域，使角色无法继续前进。请他们考虑自己的设计过程，解决问题并走完这条路径。当他们引入新的角色动作（双脚跳、飞越、单脚跳）时，鼓励他们用符号表征这些动作，并画在空白的编程卡片上。例如，在介绍“双脚跳”动作时，我班上的孩子使用一个双箭头作为表示这个代码的符号。在障碍物挑战中创造的任何新动作，现在都是孩子们编程指令系统的一部分，可以在今后的活动中使用。

网格图上设置了障碍物，角色在寻找食物的过程中要绕过它们

观察： 孩子们理解障碍物的概念吗？当一个或多个障碍物挡住了一条直接的路径时，他们能解决问题吗？他们如何应对和处理具有挑战性的情境？当孩子们被难住时，他们会采取什么策略？他们有兴趣创造复杂的动作供角色使用，还是偏向于更简单的反应？

延伸： 鼓励孩子们列出角色在编程板上可能会使用的动词清单，并为每个动词设计相应的符号。然后可以将它们绘制在编程卡上，作为未来活动中的通用符号。

当孩子们能够熟练地设计算法后，他们就会希望在编写代码时变得更有效率。控制结构是一种程序组块，用于分析变量并根据指定的参数在代码中选择指令。控制结构有助于确定在算法中按什么顺序执行指令，也能帮助孩子们在探索代码的顺序和效率时进行思考。**优化**（optimization）可以帮助孩子们考虑解决某个问题最有效的方法（比如走最少的步数或者最合乎逻辑的路径）。例如，如果一个孩子的某个序列想要重复一定的次数，他们可以完整地写出这个序列，也可以使用“循环”来使代码更高级、更有效。循环是算法中要执行的重复指令模式。在我们班的编程板上，孩子们希望猫妈妈绕着一只凶恶的狗跑三圈后再逃离它。编写这么多代码会花很长时间，而且更有可能出错。我发现，循环是我们班的孩子首先掌握的一个抽象概念，而且他们反复操作后才能有效地使用它。帮助孩子识别模式的核心，然后思考怎样通过循环让使用者或计算机更容易理解该模式，这将使他们在未来受益。

串珠循环

材料：有吸引力的低结构材料，如珠子或宝石；几根长约 15 厘米的细绳或毛线。

指导：为孩子们示范如何以简单或复杂的重复模式排列低结构材料（视本班孩子的需要而定）。讨论这个模式，并鼓励孩子们识别其核心。取一根毛线并围着模式的核心绕一圈，以方便孩子识别。继续用毛线围着其余的核心绕圈，直到整个模式被划分完毕。鼓励孩子们数一数这个重复模式中包含了多少个循环。向孩子们解释，循环也可以以类似的方式包含在算法中。为每个（或每对）孩子提供一组低结构材料和毛线，并鼓励他们创建一个重复模式，并使用毛线围着它的核心绕圈。

观察：孩子能扩展大人或同伴创造的模式吗？他们能独立地创建自己的模式吗？他们能清楚地讲述他们看到的是什么吗？他们的模式本质上是简单的还是复杂的？孩子们能识别出自己和同伴的模式的核心吗？他们能在自己的整个设计中划分核心并展示循环吗？如果只给他们提供核心，他们能扩展这个模式吗？在周围的世界里，孩子们还能在哪里注意到并命名模式？

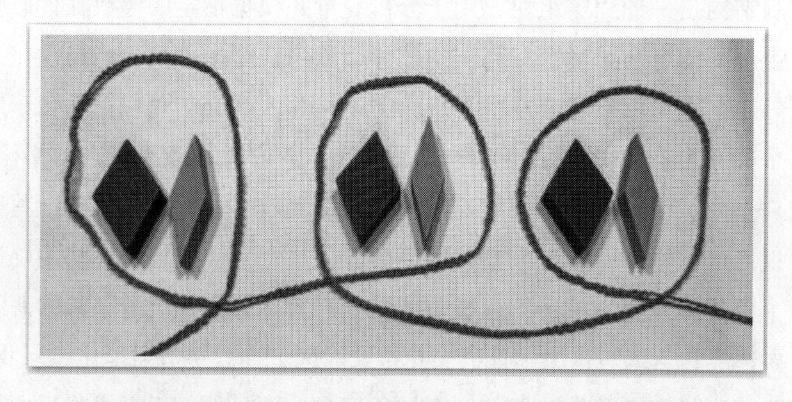

通过用线绳绕圈的方法，对模式的核心进行划分和识别

延伸：给孩子们的模式拍照、打印并塑封，与白板笔一起放在循环区。鼓励孩子们探索彼此的模式并圈出循环的部分。提供低结构材料以及细绳或毛线，供孩子们继续创造和探索越来越复杂的模式。

锻炼路线循环

材料：透明插卡袋、数字卡、动作卡（如拍手、双脚跳、摸脚趾、俯卧撑）。

指导：将插卡袋展示在有足够活动空间的地方。引入本活动，提醒孩子们，编程时我们会创建算法来描述一个活动序列。在这个活动中，孩子们将为他们随后要进行的一系列锻炼活动编写代码。在插卡袋中放置动作卡，示范本活动。每行只使用一类动作卡，让孩子们对一个循环中的每个动作执行特定的次数（例如，第一行显示 5 张双脚跳卡，第二行显示 7 张摸脚趾卡，第三行显示 10 张高抬腿卡）。完成锻炼代码后，引导孩子们从头到尾完成一系列的锻炼动作。可以让一个孩子带领全班做，做每个动作的时候指向插卡袋里相应的动作卡，这样可能会有所帮助。

锻炼动作卡展示在透明插卡袋中，供孩子们执行

观察： 孩子们对这个活动感兴趣吗？他们能有效地按顺序进行锻炼吗？他们是否理解循环的概念，并能够按照正确的顺序重复这些动作？孩子们能创造出越来越复杂的循环吗？当他们出错时，他们的反应是什么？

延伸： 在教室或外面的院子里指定一个开放的区域，供孩子们继续用锻炼动作卡进行探索。孩子们可以继续创造自己的动作序列，并引导彼此使用大肢体的运动，按照不同的顺序来进一步练习循环的概念。可以考虑添加音乐或道具（比如彩色围巾或乐器）来丰富活动体验。

循环是帮助孩子以复杂的方式思考模式的有效方法。一旦孩子们熟悉了这个概念，就可以将各种动作组合成一个循环，并鼓励他们执行这些代码。孩子们可以把他们对循环的认识迁移到编程板上，并用在箭头前面加数字的方式表示需要沿特定方向移动几格。

如，左边这段代码可以用右边这个循环来表示。

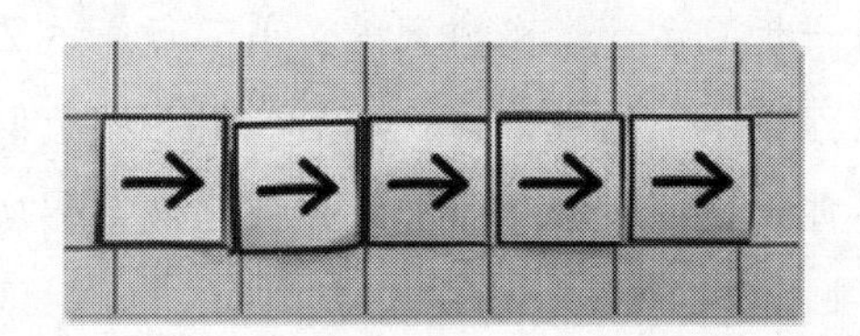

锻炼循环

材料： 透明插卡袋、锻炼动作卡、胶带、记录纸、记号笔。

指导： 在这个活动中，孩子们将再次执行包含模式的锻炼动作代码，但这次模式的核心将用一个循环表示，并使用不同的锻炼动作。例如，这次的循环可能是拍手、双脚跳、摸脚趾。确定在第一个循环中将进行哪些锻炼动作，并用胶带将它们在纸上粘成一行。用一个圆圈把它们全部圈起来，表示它们合在一起是一个循环，然后确定这个循环要重复多少次，把数字写在它的旁边。一开始，帮助孩子们熟悉一个循环，演示排在一起的某些锻炼动作。例如，如果循环被写为 5（拍手、双脚跳、摸脚趾），那么这些动作就要重复 5 次。等孩子们熟悉循环的工作方式后，鼓励他们创建

锻炼动作卡以循环的方式进行展示，供孩子们执行

多行的锻炼动作代码，并按指定的数量循环进行。向孩子们提出挑战，要求他们创建许多不同的分行代码，并按照代码所表示的特定顺序和数量来执行这些锻炼动作。请一个孩子指着代码，引导锻炼者按照顺序进行锻炼，这对孩子们的执行可能是一种有用的视觉提示。

观察：这个活动对孩子有吸引力吗？他们能否将自己对循环的理解迁移到符号化的代码上，并按正确的数量执行每一行的锻炼动作？对于怎样使用这些卡片，他们还有其他建议吗？他们能否将自己对循环不断增长的理解融入其他活动中？

延伸：在自选活动时间里，继续为孩子提供在独立活动中探索更多复杂循环的机会。他们可以继续创建自己的动作序列，并在教室的开放式区域、体育馆或户外时间，引导彼此使用大肢体的动作，按照不同的顺序进一步熟悉循环的概念。考虑邀请其他班级加入进来，并教他们如何执行这些循环。

接纳错误

在我的教学实践中，我提倡成长型思维模式，其中一部分就是接纳错误并将其重新定义为学习的机会。**调试**（debug）是指我们运用按顺序逐步分析的方法来分析我们所写的代码（Bers，2018）。它有助于发现代码不能运行时问题出在哪里，或者在问题实际发生之前预判潜在的问题可能在哪里。我们班的孩子们曾经花了大量的时间来编写一组复杂的代码。当他们准备向我展示的时候，中间出现了一个意料之外的错误，该序列没有按照预期运作。他们感到非常沮丧和尴尬。我向他们保证，代码中出现错误在设计过程中非常正常。然后，我们共同探索，找到并修复了该序列中的问题。调试让人想起了瑞吉欧教育的理念，那就是教室是一个安全的、支持性的空间，在这里犯错完全没有关系，孩子们可以自由地冒险而不用担心失败或后悔。调试使孩子们能积极参与协作解决问题的过程，并且适用于生活中许多其他需要排除故障的情况。我发现，向孩子们介绍调试可以鼓励他们在自己的编程活动中承担更大的风险。我利用一切可能的机会向孩子们示范犯错误并“从错误中学习”，将调试融入我们的日常活动中，营造一种“将错误重新定义为机会”的文化氛围。孩子们现在把他们犯的任何错误都称为“故障”，并且知道他们总是有机会解决问题，做得更好。

我的模式有什么问题？

材料：各种低结构材料，包括纽扣、盖子、宝石或积木。

指导：在孩子面前用低结构材料创造一个模式。从简单的模式开始，随着孩子们经验和信心的增加，逐渐提升模式的复杂性。有意识地在你的模式中包含一个错误，并让孩子们通过发现错误、更正错误来帮助你对它进行“调试”。创造多个需要调试的包含错误的模式，让孩子们尝试发现和解决问题。

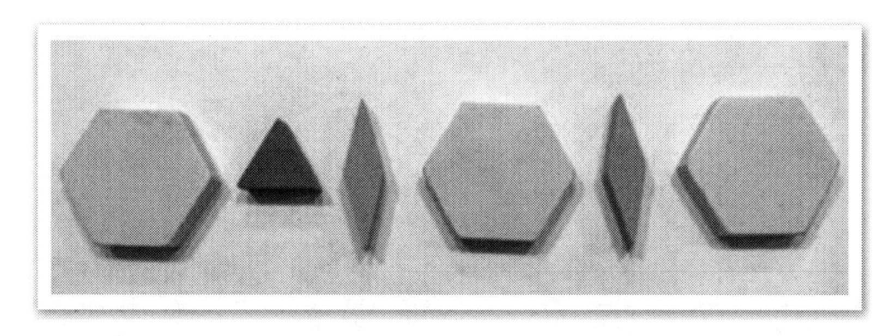

这个模式中故意包含了一个错误，以鼓励孩子们对它进行调试

观察：孩子们能识别出模式中的重复吗？他们能轻松地发现错误吗？如果在同一模式中包含多个错误，会发生什么？孩子们能轻松地识别出核心并调试错误吗？孩子们能自己创造出故意包含错误的模式吗？

延伸：拿出时间带孩子们在指导性活动中一起探索这个概念。将孩子们配对，并提供大量富有吸引力的低结构材料。每个孩子都可以轮流担任模式编程者或调试者的角色。可以创造和更正多个有错误的模式，让孩子们可以轮流体验这两种角色。重新集合全班孩子，在协作式对话中分享他们的经验并反思他们的理解。

我的代码有什么问题？

材料：编程网格图，可操作的低结构材料，箭头编程卡。

指导：与孩子们创编故事情节，并为角色的路径选择起点和终点。进行活动示范，大声说出你正在为角色编写的路径，并把编程卡排列在网格图旁边来记录你的算法。故意在算法中犯一个错误，将一张卡片的顺序放错。如果孩子们注意到了，就强调他们调试了你的代码并避免了一个问题。如果他们没有注意到，就完成代码并尝试执行。如果孩子们仍然没有注意到错误，利用这个机会进行“出声思考”，表示在执行这组代码时，有些地方似乎不太对劲儿。你可以使用“发生了什么？”和“应该发生什么？”等提示来引导对话。帮助孩子识别错误并请他们帮助改正。重复该活动，这次让孩子们带头，扮演编程者的角色。

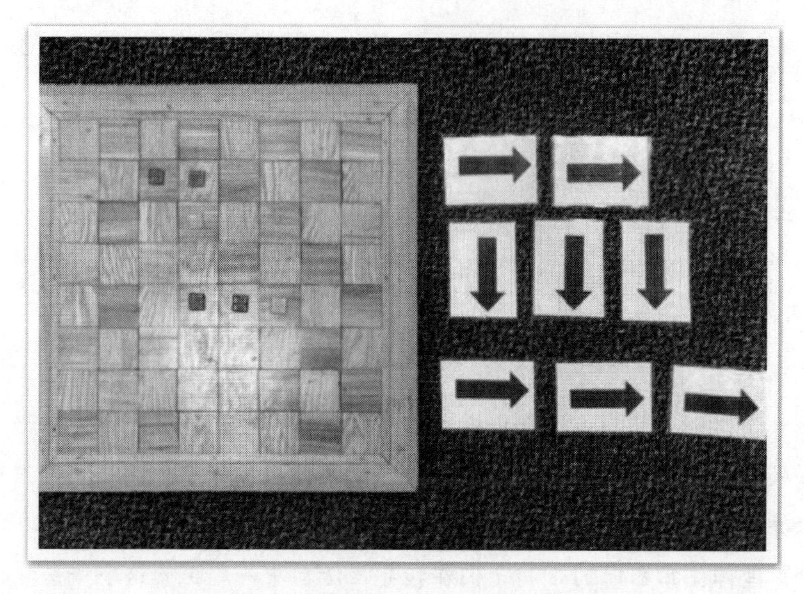

在代码中故意出现错误，以鼓励孩子们进行调试

观察：孩子们能否使用编程卡并按顺序执行？他们能否轻松地注意到代码中的错误？如果在同一组代码中故意出现多个错误，会发生什么？如果孩子们被一个问题难住了，他们是如何应对挫折感的？活动中有哪些讨论并鼓励成长型思维模式的机会？孩子们是否将他们的调试扩展到了教室的其他区域，注意到错误并将其重新定义为成长的机会？他们在编程情境之外纠正错误时，是否使用了“调试”这个术语？

延伸：将聚焦犯错和成长型思维模式的图书与活动结合起来，可能有助于为孩子们提供鼓励和支持。凯瑟琳·音史（Kathryn Otoshi）的《一》（*One*）、马克·派特（Mark Pett）和盖瑞·罗宾斯特（Gary Rubinstein）的《零错误女孩》（*The Girl Who Never Made Mistakes*）、托德·帕尔（Todd Parr）的《犯错误没关系》（*It's Okay to Make Mistakes*）、彼德·雷诺兹（Peter Reynolds）的《味儿》（*Ish*）都是不错的选择。即使是能很好地处理错误的孩子，也会受益于不断被提醒：错误是成长的机会。

哪组代码不符合?

材料：预先制作的编程算法，编程板，可操作的低结构材料，箭头编程卡。

指导：这个活动较为复杂，开展之前需要花一些时间做准备。在插卡袋中向孩子们展示两组完整的编程算法，或者使用预先做好的卡片（如照片中所示）。创编故事情节。使用编程板，不出声地完成创建编程路径的过程，类似于本章一开始的活动：确定起点和终点，确定角色移动的路径，将编程卡按顺序放在网格图上或排列在它的旁边，并按顺序移动角色。让孩子们观察你的操作，并思考插卡袋中展示的算法：哪一个有错误、不符合？当孩子们表达他们的意见时，询问他们：为什么说这组代码是有错误的？能否清晰地表达自己的想法，并描述出序列中错误的那个步骤？从编程板上取下材料，展示两组新的完整的算法，重复本活动。

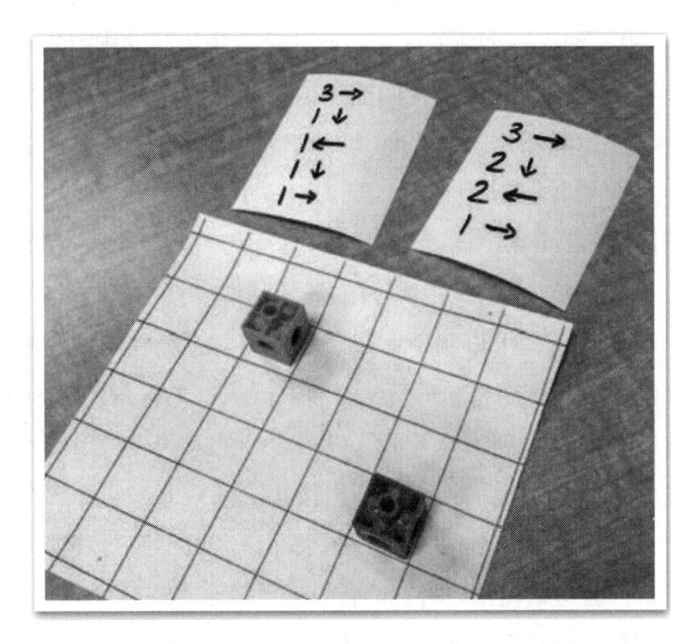

展示两组代码，孩子们必须决定哪一组是正确的

观察：孩子们能否注意到代码中的错误，并区分两个备选序列之间的差异？他们能否说出未列作选项的其他编程路径？他们是否纠正了代码中

的错误？这个活动是否太容易或太难了？

延伸：鼓励孩子们为这个游戏创造自己的版本。他们可以在网格图上画出编程路径，然后编写出不同的序列（一个正确的，多个有错误的），并向朋友发起挑战，请他们找出正确的代码。将孩子画的路径和编写的序列塑封，和白板笔一起放在区域中，供其他孩子在自选活动时间探索。将孩子编写的序列拍照并发到社交媒体上，邀请社区参与和回应他们的探索。

多种编程方式!

我以多种方式将计算思维和不插电编程应用到我们课程的其他领域。这些活动为孩子们提供了不同的支持和鼓励，并给了他们额外的时间以各种方式学习编程概念。

你可以通过以下方式在教室中创建编程区：将材料添加到现有的某个区域（例如建构区）中；创建一个新的区域，放入已在集体活动中引入和使用过的那些编程材料。在我们的教室里，我们把建构区的地毯作为编程区。除了该区域已有的传统材料（木质积木、乐高玩具、大地毯、吸管和连接器）之外，我们还会随着时间的推移添加其他材料。箭头编程卡、空白卡片、记号笔、白板、网格图纸、不同的编程网格图、大编程地毯（学习毯是一个很好的选择）、插卡袋、相关读物，以及孩子在活动中用过的任何其他材料，都是必不可少的材料。在自选活动时间，孩子们可以利用这个区域来探索已经在集体和小组活动中开展过的编程活动，或者创新材料的玩法并将其融入新的探索。例如，一天下午，我们班上的一群孩子热火朝天地开辟了一个复杂的建筑工地，用木质积木搭建了一座摩天大楼的横梁。他们将编程卡用作建筑计划，来帮助解释他们将如何搭建这个结构，并在活动时作为参照。如果在该区域不容易获得编程材料，我不确定孩子们是否会这么轻松地将它们融入自己的合作搭建中。

可以考虑制作一辆编程小推车，方便将材料运输到学校的其他区域，包括体育馆、图书馆和户外空间。这辆小推车可以存放与编程区中材料类似的材料。这些材料可以装在可拆卸的筐中，便于孩子们使用、整理和清理。在课堂上引入和使用材料后，我们就可以将这些材料添加到小推车里，以便孩子们将它们融入游戏中。我们也可以让孩子们提出一些他们认为也能丰富其编程游戏的材料，并把这些材料融入未来的编程体验中。你还可以考虑用非传统的方式将编程融入学校和社区的其他领域。

经常邀请年龄稍大的孩子成为**编程搭档**（coding buddies），作为班级伙伴一起探索。大一点的孩子可以在复杂的活动中为小一点的孩子提供支持和支架，提供后者在其他课堂活动中可能得不到的直接指导。结对探索为孩子们提供了与更有经验的编程者进行丰富对话的时间，后者可以充当他们的指导者和辅导者。大一点的孩子可以把他们的编程经验带入活动中，充分发挥辅导者的作用。他们还可以与更年幼的孩子分享自己编程的想法和作品，为他们提供一个了解未来编程可能性的窗口。

考虑准备一些可以轮换角色并带回家的延伸活动，供孩子们的家庭成员在一段时间内使用。许多家庭渴望和学校共享补充材料，以便创造额外的机会来加强孩子在学校的学习。在我们班上，我准备了许多编程袋，其中包含我们在课堂上进行的不同活动的版本。每个袋子里都有一张指导卡、相关的材料，以及一个反馈手册，供家庭成员与我交流他们家玩不同游戏的体验。这些活动为家庭成员提供了一种切实可行的方式，让他们能以不同的形式了解编程并发展计算思维，也为他们提供了一种不同于传统家庭作业的方式来支持孩子的兴趣。

技术使得想法能够传播给更多受众，其范围远远超出你的课堂或学校所在的社区。除了与家长联系，还可以考虑通过接触更多的受众来分享你正在经历的令人惊叹的编程活动，例如可以在社交媒体上建立**个人学习网络**（personal learning network，PLN）。也许你可以与其他班级线上联系，成为编程方面的笔友，分享你们的活动和想法，互相提出挑战并研究新的问题。在我们班，我们通过在社交媒体上发布消息和文章、分享我们活动的照片，与其他教育者和学习者建立联系。其中的许多想法被世界各地的教师和孩子使用并得到创新。他们的反馈也强化并完善了我们的学习。与其他热情投入的编程者进行的丰富的教育对话，激励着我们坚持尝试新的、更复杂的想法和活动。你可以在你发布的内容中加入相关的主题标签（#coding，#kindercoding，#21stedchat，#mathchat，#MTBoS），以此来联系其他志同道合的社交媒体用户，建立你自己的社交媒体网络。

第4章

专注投入的创客

读完一本关于小精灵的书后，那天昆兰和塞奇花了好长时间一起设计并制作了一个陷阱，然后把它留在教室里过夜，希望能抓住一只小精灵并发现它藏金子的地方。

昆兰和塞奇正在桌子旁忙活，鼓捣那些低结构材料。

“我知道啦，我要把帽子放在这里！这样我就可以在里面撒些发光的东西来引起它的注意，然后当它抬腿走进帽子的时候，帽子就会碰到这根线，箱子的盖子就会合上。”

“是的，但如果它不喜欢发光的东西呢？那它就不会走进去了。”

“我们把它设置成有人从这边穿过它，盖子就会合上，或者墙的另一部分会转过来堵住门，怎么样？”

“我不确定……用胶带把它固定住，我们就可以先测试一下。”

经过好几分钟的实验，他俩就一个设计达成了一致意见，并将各部分牢牢地粘在一起，完成了他们的项目。受共同目标的驱动，朗读活动激发了这两个年轻学习者的合作性创作和问题解决。

幼儿园的环境

生成性课程以探究式学习指导孩子们在课堂内外的活动。教育者会以开放式活动和项目的形式持续支持和支架孩子们表达的兴趣。这使得孩子们能够经常热情投入地探索、发现和交流自己问题的答案。他们掌控着自己的学习，而成人是这段旅程的引导者。在儿童早期，我们鼓励孩子们每天都要专注于自己的感觉，享受课堂上每一个纯粹的快乐时刻。你是否经常观察到孩子们对活动的热情，对大自然的迷恋，以及他们在努力完成任务时的韧性？与孩子们建立联系并参与这些时刻，可以促进快乐的课堂生活。当孩子们在探索中专注于感觉材料的外观、触感、气味、声音，甚至是味道时，他们就是在收集信息来支持自己的探究，同时也是在参与课堂上专注、投入的时刻。

小学初期的教室环境在一年当中不断变化、流动、发展，反映了生活在其中的孩子的变化，需要通过具有发展适宜性的活动支持他们，同时以创新的方式整合来自不同区域的学习材料。在瑞吉欧教育中，教室环境被视为“第三位老师”，并随着时间的推移被孩子们的行为持续塑造着（Wein，2008，2014）。它们的组织和装饰方式是一种公开声明，宣示着教育者与世界分享他们对儿童作为学习者的信念。花点时间思考一下你周围的环境。当参观者进入并探索你的教室环境时，会形成什么印象？为了教育的过程和转变，你分享了什么灵感？什么信息反映在你们班孩子的身上？孩子们能接触到什么材料？他们游戏周围的界限是什么？投放开放式工具和材料，提供开展儿童自主的或教师提供的项目所需的时间和空间，展示儿童探索和学习的丰富记录，这样的教室展现的是一个所有儿童都被视为平等成员的民主空间，以及儿童作为强大的、坚韧乐观的、有能力的学习者的形象（McLennan，2009；Tarr，2001）。我们的教室是多面的——工作室、实验室和画廊，孩子们可以沉浸在好奇和快乐的探索之中。孩子们能够创造出他们真正关心的东西，并与他人分享。来到我们教室的访客可以查看记录，了解我们过去的学习故事，看到它们如何推动我们的实践向前发展。你打算如何组织你的教室环境和材料，并改变孩子一天中经历的常规活动，从而创造同样的不受限制的学习条件呢？

我们的教室

我们的教室是一个明亮而欢快的地方，孩子们在各种各样的学习区来回穿梭。我希望它是一个美学上令人愉悦的空间，能够吸引孩子们的感官，激发他们的好奇心和求知欲，回应他们的需求，并为真正的学习提供持续的可能性。我们的教室空间很大，呈长方形，公共地毯位于中间，传统的“区域”（包括感知区、点心区、艺术区、建构区和表演区）环绕在它的四周。“网”的意象指引了我的这个设计，因为我认为每个区域都是相互关联的。孩子们可以把不同区域的材料带到公共地毯上或新的区域，在真实的情境中与同伴们探索和合作。

我们的建构区为孩子们提供了许多资源和一大片区域，供他们进行设计与创造

来自当地社区的各种材料不断地加入我们的教室。孩子们和家长捐赠了不少来自他们家里和院子里的有趣的物品，我也喜欢分享我发现的宝贝。我们的玩具架上很少有购买的玩具和产品，我们的大部分学习材料都是低结构材料。低结构材料是指回收的和来自自然界的材料，可以用无限多的方式移动、运送、组合、排列、拼凑和拆解。低结构材料不像传统材料那样有预定的学习目标并

被分装在架子上的盒子或箱子里，它们不受这种限制。它们没有具体的使用说明，其可能的用法就像孩子们的想象力一样无穷无尽。它们省钱且易于收集。它们可以分门别类地陈列在教室和院子里的透明容器里。我们教室中的低结构材料包括石头、树桩、鹅卵石、贝壳、纺织品、宝石、木片、边框、篮子和纽扣。用低结构材料进行的创作，没有预先确定的结果或最终产品。孩子们控制自己的活动并使用低结构材料探索周围的世界时，可以以各种方式对它们进行分类、排列、操作和拆解，从而整合多个领域的学习。《美丽的事物》（*Beautiful Stuff*）（Topal & Gandini，1999）一书中描述了在概述低结构材料的美感与潜力方面最有影响力的一个项目。

对于激发灵感、鼓励孩子全天都参与创客活动的教室环境来说，低结构材料是必不可少的部分。支持孩子使用低结构材料进行学习的理想学习空间，是创客空间。它是一个创造性的区域，在这里孩子们可以一起鼓捣、创造、发明，并将他们自己的学习和周围的世界联系起来。我们的教室是一个巨大的创客空间，采纳的是建构主义的基本理念（它也影响了瑞吉欧教育）。在一些学校，创客空间位于教室外的中心区域，如公共入口或图书馆。移动的创客空间可以运到其他区域乃至户外，创建的方法是将有趣的和创新的材料装在篮子里，放在

低结构材料可以整合到教室的每个区域中，以鼓励孩子使用各种材料进行鼓捣和建构

可以来回移动的小推车上。在创客空间里，孩子们可以探索自我导向的项目，聚焦他们有关周围世界的问题或关切；也可以鼓捣新的有趣的材料，看看从他们游戏性的探索中会发展出什么。在创造性项目中，他们能够使用各种开放式的工具和材料。创客空间不仅是一个实体空间，还是一种"存在方式"或教育思维方式，孩子们可以成为信息和技术的创造者——而不仅仅是他人想法或产品的消费者，看到自己的创造和知识转化为实践（Fleming，2015）。

培育创客思维

创客，更多地是指教室中培育的学习文化，而不是教室中的材料（Fleming，2015）。我们强调创造和解决问题的过程，在我们的班级共同体中，这比成品或结果更有价值。

一些教室设有创客空间区域，提供多样化、开放式的创作材料。艺术工作室和建构区都属于创客空间，在这里，孩子们可以用大量的低结构材料（纽扣、盖子、积木、盒子或轨道）创作永久性或临时性的作品。如果没有足够的空间用于创设永久性创客空间，可以考虑在日程安排中指定特定的时间来进行创客空间活动。"创客星期一"（Maker Monday）和"探客星期二"（Tinker Tuesday）是常见的专门安排的时间段，让孩子们在每周从一开始就进行开放式的鼓捣和制作。材料可以展示在房间的公共区域（包括地毯上），并邀请孩子们探索自我导向或教师发起的项目。这确保了孩子们可以经常接触到高质量的材料，并有大段的不受干扰的专门时间来探索。经常进行创客活动的好处包括：

- 鼓励孩子们成为探索者，以有趣而创新的方式尝试熟悉的和新的材料，从而获得丰富的发现和创造；
- 孩子们开始在物体、经验和想法之间建立联系，朝着最终的目标进行问题解决活动；
- 孩子们在实验和解决问题的过程中会形成成长型思维模式，将挑战和错误作为改变和成长的机会；
- 孩子们一起坚持不懈地进行复杂的创作，利用彼此的观点来增强他们的项目，从而建立社会和情感联系；

- 孩子们会修改自己的设计，以不同于既定用途的方式使用物体，并将多个来源的想法融合在一起，从而成长为程序高手；
- 孩子们在解决问题的同时也会产生新的可供探索的问题，从而成为研究者。

将创客运动与计算思维联系起来

除了在教室里提供创客空间的开放式选择之外，我们还在班里探索了各种同时促进计算思维和创客思维发展的活动。当你阅读以下每一个活动时，思考一下**设计过程**（design process）（识别问题，寻找想法，制定解决方案，与他人交流），以及如何将该活动整合或扩展到你自己的教育实践中。

创客运动聚焦以学生为中心的探究的教和学（Fleming，2015）。今天的教育环境必须提供丰富和复杂的环境，让孩子们通过创造和创新来解决挑战，研究自己有强烈兴趣的领域。考虑你的教室和课程，并深思是否有可能实施创客运动。你能对本班的环境和时间表做出微小而稳定的改变，以吸引孩子们经常性地参与创客活动吗？还有哪些传统领域可以改进，以减少孩子们对纸笔任务的依赖，使其转而运用创客空间的思维方式，以更有创意的方式探索相同的概念？这样做将帮助他们成为创新者，从学校毕业后知道如何用复杂的、合作的和创造性的方式解决现实世界中的问题。在这个时代，我们无法预测当孩子们准备进入劳动力市场时将会出现什么样的工作或技术，因此必须为他们提供能够提升“21 世纪技能”的环境。创客空间让孩子们能够熟练地运用“低结构材料”这一语言，从而提升多层次和多方面的计算思维。他们能够进行分析、创造和思考，并用各种方式表达和交流自己的想法。创客空间中的鼓捣、实验、问题解决和表征，遵循着与探究式学习、计算思维相同的过程。孩子们识别模式，把复杂的问题分解成更小的步骤，组织和创建一系列的步骤从而形成解决方案，并运用他们的想法构建数据表征。他们将自己的想法传达给其他人，而这些又会融入未来的探索和设计中。创客空间为孩子们成为自己知识的创造者提供了所需的硬件，运用这些硬件的可能性就像孩子们的想象力一样是无限的。

通过朗读培育创客空间和成长型思维模式

朗读是一种极好的方式，运用孩子们经常接触到的简单日常用品，促使孩子们把自己视为创造者和创新者。通过探索优质图书中遇到困难时坚持不懈的角色，可以引导孩子们了解创客的工作过程和思维方式。

运用图书来启发创客思维

材料： 涉及创客思维的优质书籍，包括安托瓦内特·波蒂斯（Antoinette Portis）的《不是箱子》（*Not a Box*）、《不是棍子》（*Not a Stick*），阿什莉·斯拜尔（Ashley Spires）的《了不起的杰作》（*The Most Magnificent Thing*），安德里亚·贝蒂（Andrea Beaty）的《罗西想当发明家》（*Rosie Revere, Engineer*），巴尼·萨尔茨堡（Barney Saltzberg）的《美丽的错误》（*Beautiful Oops!*），科比·雅玛达（Kobi Yamada）的《有了想法你怎么做？》（*What Do You Do with an Idea?*）。

指导： 花时间和孩子们一起探索每本书。阅读时，用手指着画面，指出每个部分发生了什么。帮助孩子明确地关注并说出故事的每一个部分，从而加深理解。让他们针对整个故事进行提问，以了解他们对角色经历的想法，并在故事与自我、故事与故事或故事与世界之间建立丰富的联系。在创客之旅开始的时候，将这些书作为辅导材料，和低结构材料一起放在指定的区域，鼓励孩子从这些故事开始探索创客思维。

观察： 孩子们在每个故事的文字和画面中注意到了什么？他们能否把自己与角色联系起来，并分享自己在学校及其他活动中坚持不懈的经历？他们是否在图书之间建立了联系，认识到成长型思维模式的特征？由这个故事生发的什么想法，可以在课堂上进一步探索？孩子们在阅读后是否会受到启发，去尝试一些新事物或制作一些有趣的东西？

延伸： 把书放在教室里显眼的区域，方便孩子们复述故事时取用，也可作为视觉提示。与孩子们一起创建一张要点图，总结可以在课堂上表现出来的成长型思维模式的特征。鼓励他们反思自己的生活，并写下他们个人面临困难时如何坚持不懈直到取得成功的故事。与同伴和其他班级分享这些故事，以鼓励对成长型思维模式的持续重视。

帮助孩子们认识到低结构材料可以组合在一起，形成更大的设计，是发展计算思维的关键。慢慢地，从识别和解决问题的设计过程开始——提出问题，设想各种解决方案，计划一个项目以进一步探索这些想法，创建原型，测试和改进，并与他人分享——可以鼓励孩子们熟悉这个过程并在探索中冒险。小而简单的项目可以培养孩子们的信心，让他们按自己的节奏完成自己感兴趣的项目。通过小的、难度逐渐提升的项目体验创客思维的孩子会对他们的探索产生积极的感受，并受到激励去尝试更具挑战性的设计。以下活动将帮助孩子们了解小部件如何组合在一起并成为更复杂的作品中的一部分，同时培养他们在课堂上的创客思维和兴趣。

黑板道路和粉笔积木结构

材料： 各种不同尺寸的木质积木，黑板涂料，粉笔，黑板擦，迷你轿车和卡车。

指导： 先给积木刷上黑板涂料，然后晾干。有些可能需要再刷一层。鼓励孩子们在这些积木上画画，并把它们变成游戏场景的不同部分，比如社区的道路和建筑。他们可以对自己的设计进行头脑风暴，在积木上画画并将它们组合在一起，使用其他低结构材料（如汽车、动物微缩模型和小人偶）进行创造性的角色扮演。把积木拼在一起有助于孩子们了解小的部件如何组合成一个更完整的项目。这些道路和建筑可以以不同的方式移动，但仍能实现相同的目标（例如，构成道路的木块可以以多种方式排列，但都能让汽车来回行驶）。

观察： 孩子们能把较小的部分组合成更复杂的作品吗？他们是否注意到，这些部件组成了更大的地图或道路？经过尝试，他们能否在之前的基础上做出更复杂的作品？是否能够结合教室里的其他材料来丰富他们的游戏？

刷有黑板涂料的积木是开放式的建构材料，孩子们可以轻松操作

延伸：在建构区提供这些材料，并鼓励孩子们继续使用。询问孩子们，他们觉得还有哪些材料可以促进自己的探索。鼓励他们在纸上为自己的作品画出类似设计蓝图的表征。为孩子们的作品拍照，并鼓励他们添加文字说明，以便将其纳入有关社区建筑的自制图书，供将来参考。

艺术区的探索也很容易引发制作活动，可以使用很少的易于收集和组装的材料——回收的低结构材料、纸张、胶水和纸板。这些经历中所蕴含的复杂的数学和语言的技能与目标为我们的课程注入了活力，并超越了我过去为了达到相同标准所开展的活动。开始从创客的视角看待数学和语言，是我在教学方法上思维转变的关键。

纸条造型

材料：结实的、浅口的硬纸盒，各种长度和颜色的美工纸条，大绒球

（或小弹珠），强力黏合剂（如胶带或胶水）。

指导：鼓励孩子们通过折、扭和撕等不同的方式操作纸条，创造出锯齿形、环形和曲线等造型。向孩子们展示，可以把纸条的两端固定在硬纸盒里，创造出有趣的造型，如螺旋、曲线和隧道。当他们把纸条组合成复杂的分层造型后，在盒子里放一个绒球（或小弹珠），鼓励他们慢慢地、轻轻地把它从一边滚动到另一边。这将使绒球绕着纸条造型走，并穿过螺旋和曲线。孩子们会意识到，他们的设计会加速或阻碍绒球的运动，并且他们操作盒子时越用力、越快，绒球的运动就越疯狂。鼓励孩子们尝试新的设计，为绒球创造更复杂的运动路径，也许还可以在游戏中设置起点、终点和积分奖励。

把纸条的两端粘在盒子里，做成迷宫，弹珠可以在纸条间绕行和穿行

观察：孩子们能轻松地操作这些材料吗？他们在项目中是独立探索还是一起合作？当材料没有停在原处或者没有按照预想的方式运作时，孩子们会坚持下去吗？孩子们会尝试彼此的作品吗？孩子们是否会添加额外的材料，为他们的作品创造一个戏剧性的场景（比如添加一张仓鼠的图片，把这个结构变成仓鼠的游乐场）？

延伸：鼓励孩子们分享自己的设计和作品，获得同伴的反馈，从而改进设计，并从彼此的经验和错误中进行学习。

纸盒弹珠游戏

材料：结实的、浅口的硬纸盒，各种低结构材料（盖子、纽扣、管子），强力黏合剂（如胶水或胶带），弹珠。

指导：向孩子们展示如何使用胶带将低结构材料半永久性地固定在纸盒底部。这一步很重要，因为在将材料永久地粘在纸盒上之前，使用胶带而非胶水使得孩子们可以修改他们的设计。孩子们可以尝试设计游戏，并以不同的方式放置低结构材料来创建迷宫或弹珠类游戏。当孩子们用手轻轻晃动纸盒时，弹珠可以穿过管子，绕过障碍物，沿着特定的路径运动，在纸盒里滚来滚去。在游戏中，孩子们可以设置起点和终点，并为移动弹珠通过特定的障碍设定积分奖励。孩子们对自己的设计感到满意后，就可以用强力胶水将游戏部件永久地固定在纸盒上。

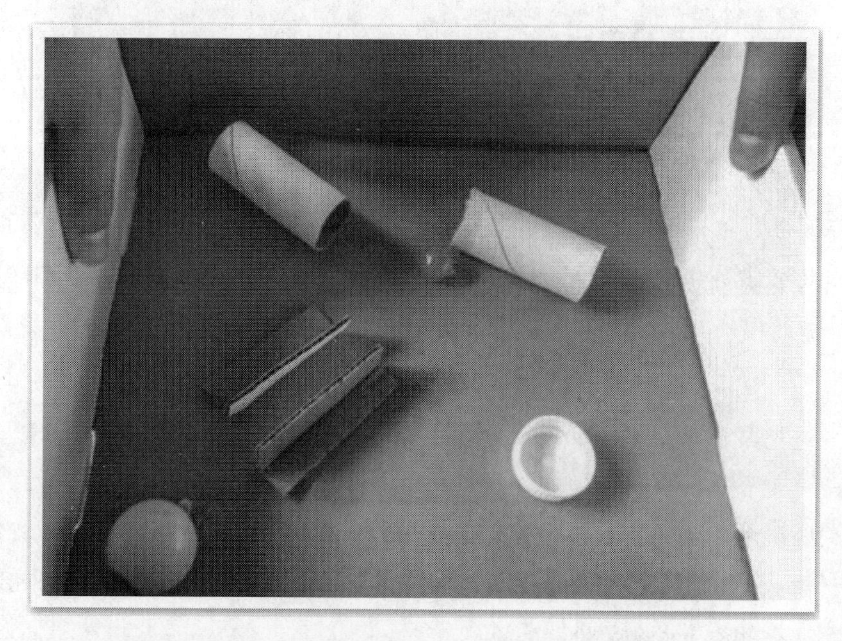

把回收材料固定在纸盒上，就可以玩纸盒弹珠游戏了

观察：孩子们是怎样改变材料用途的？在设计中遇到问题时，他们采取了什么策略？他们是坚持完成任务并在之前设计的基础上再接再厉，还是迅速转向别的事情？孩子们在思考他们的设计时，是否能够向同伴提供建设性的反馈？还可以添加什么材料来丰富游戏体验？

延伸：考虑寻求年龄较大的编程搭档或成人志愿者的帮助，为本活动提供支架并为孩子们提供指导。在课堂上展示最终的设计。孩子们可以在自选活动时间里玩其他人设计的游戏。鼓励孩子在玩过以后分享他们的反馈和改进建议。引导孩子将这些反馈融入未来的设计中，或者将游戏修改成新的版本。

除了创编游戏，重新思考如何发展我们最喜欢的一些数学工具（如几何板），会为制作活动创造无数的可能性，也可以将丰富而复杂的数学思想融入协作建构中。

钉板建构

材料：大号的木质钉板，高尔夫球座，木销钉，螺母和螺栓，橡皮筋，弹珠。

指导：将钉板平放在开放的区域中（如桌子上），使得孩子在任何一侧都够得到。孩子们可以通过多种方式操作钉板。可以把高尔夫球座、木销钉或螺母和螺栓固定在不同的孔中，创造出有趣的图案和设计。把橡皮筋拉伸并固定在上面，这块钉板就变成了巨大的几何板，孩子们可以通过不同方式的操作来探索几何和空间推理技能。在孩子们习惯了使用钉板进行创作后，鼓励他们使用橡皮筋创建迷宫，让弹珠在板上移动而不会掉下来。这时钉板就变成了巨大的弹珠跑道，孩子们可以创造障碍物和能让弹珠通过的有趣的路径。钉板从大的几何板到复杂的弹珠跑道的演变，能够激励孩子们参与这一设计过程，结合之前的知识和经验，通过解决问题的过程来完成最终的作品。

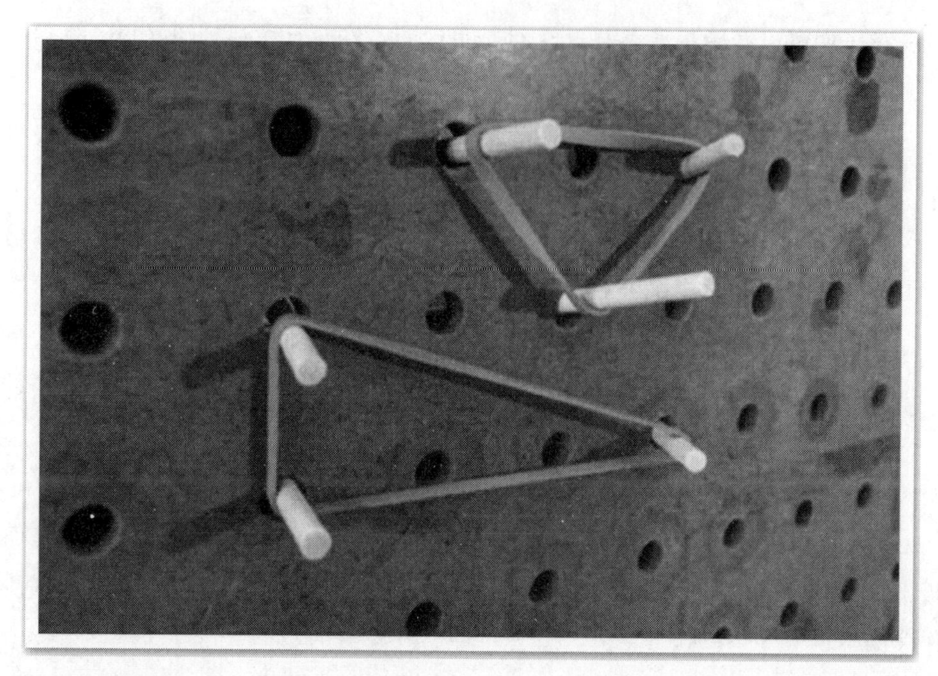

将木销钉插在孔中，就做成了简易的几何板，绷上橡皮筋，可以做出不同的形状

观察：本活动需要控制手和手指肌肉的精细运动。孩子们能够成功地操作这些材料吗？当他们的设计面临挑战时，他们能坚持下去吗？孩子们是否将其他领域（如几何）的知识融入他们的活动中？还可以添加什么其他材料，来丰富孩子们的体验并促进他们的设计过程？

延伸：在自选活动时间，继续提供这个活动。鼓励孩子们结合教室里的其他材料，创造更复杂的设计。以不同的方式放置钉板（如竖直挂在墙面上，水平放在桌面上），以改变孩子的视角并挑战他们的思维。

出于多种原因，感知桌是小学初期教室的重要组成部分（Dietze & Kashin, 2018）。当年幼儿童运用他们的感觉——视觉、嗅觉、触觉和听觉——探索感兴趣的材料时，他们的学习效果最好。感觉游戏为孩子们提供了合作和探索真实数学概念的机会。孩子们可以使用不同的方法操作工具和材料，他们在通过实验和问题解决创建复杂的通道时，通常会融入计算思维的许多方面。创建通道可以帮助孩子们以多种方式探索因果关系。他们在解决问题的过程中创造和改进新的、令人兴奋的移动感觉材料的方式。感觉活动也可以是非常平静和舒缓的，孩子们可以慢慢地观察材料的质地，让它们从自己的手指间缓缓穿过！

复杂的感觉通道

材料：各种长度的软管，不同尺寸的漏斗，量杯、量勺、碗，大型感知桌，各种感觉材料（水、沙子、果仁、串珠、弹珠）。

指导：用一种材料填满感知桌（或大容器）。把工具（软管、漏斗、量杯等）放在箱子旁边的筐里。鼓励孩子们尝试用不同的方法测量和移动这些材料（如用量杯或软管运水）。随着孩子们对这些工具越来越熟悉，他们可以用不同的方式将它们组合在一起（如把漏斗插在管子一头）。添加变量以增强游戏效果，并提供更多探索因果关系的机会（如在桌面或侧面添加盒子并在盒子上打孔，以便于软管和其他材料在里面穿来绕去）。

提供多种感觉材料供孩子探索沙子和水

观察：孩子们是否能够发现废旧材料的多种用法，尝试以不同的方式运输感觉材料？他们是否能够运用自己对材料特性的理解，选择合适的工具（如果仁可能无法穿过细管）？他们能根据情境使用数学术语吗？他们是否能够将测量和其他守恒活动方面的前期经验融入自己的游戏中？他们对于更复杂的建构有什么想法？

延伸：鼓励孩子们在阅读图书和研究真实世界（下水道平面图、建筑中的管道等）之后，创建更复杂的设计。社区和家长中的专家（水管工、工程师）可以作为志愿者在这个区域与孩子们一起探索。孩子们可以先在纸上设计他们的通道，然后接受挑战，把他们的设想构建出来。将已完成项目的照片进行塑封，展示在感知区附近，作为未来设计活动的灵感来源。

一旦孩子们明白了他们可以有目的地创造场景，让材料在其中以各种复杂的方式运动，他们就可以发挥想象力并创造出鲁布·戈德堡机械（Rube Goldberg machine）。在网上搜索"鲁布·戈德堡机械"，你会看到数百个展示不同发明的视频，这些发明可以启发你的孩子用低结构材料探索和创建他们自己的因果关系系统。

鲁布·戈德堡机械

材料：各种低结构材料，胶带和胶水等。

指导：花时间讨论什么是鲁布·戈德堡机械。给孩子们播放相关的各种视频，可以丰富他们的建构图式，激发他们的创造性思维。如果你注意到他们为了深入理解连锁反应过程而复制了视频里的一些设计，那是完全没问题的。待孩子们熟悉之后，可以引导他们去思考想要在自己的设计过程中探索哪个日常事件或活动（比如扳动开关或推动汽车驶下坡道）。使用可以移动的低结构材料（弹珠、玩具车），鼓励他们创造小型的鲁布·戈德堡机械。从小处着手——一开始是一两个连锁反应——然后慢慢地构建一个能够运转的设计。一旦孩子们创造了一些东西，就可以通过录像来全程捕捉机械的运作过程，然后利用社交媒体在课堂外分享这些视频（#maker,

#makerspace，#RubeGoldberg）。

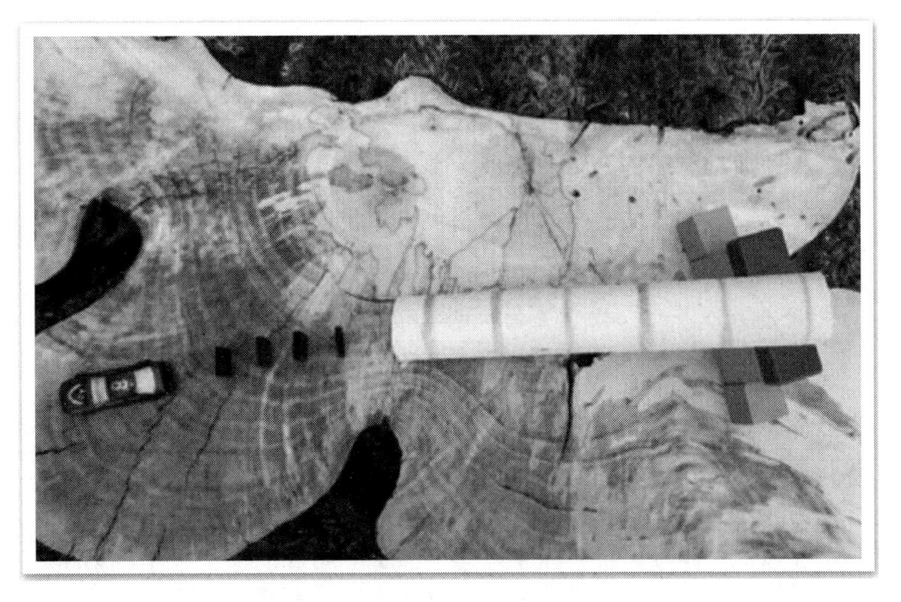

这个简单的鲁布·戈德堡机械是用低结构材料创建的——弹珠从管子里滚落下来，击倒多米诺骨牌，推动汽车向前行驶

观察：孩子们能够在设计中加入简单的因果反应吗？他们是提前计划好自己的设计，还是边做边设计？当他们的设计出现问题时，他们会坚持下去，还是会迅速转向别的东西？孩子们是在协作进行一个设计，还是将时间花在各自独立的项目上？

延伸：鼓励孩子们在一大段时间内创造一个复杂的鲁布·戈德堡机械，把它永久地留在教室中指定的地点，孩子们可以在一段时间后再回顾。孩子们可以先绘制蓝图来规划他们的机器，然后从教室（以及家里）收集所需的材料。作品越复杂，设计过程中出现问题或分歧时坚持下去的挑战就越大。要支持孩子，提醒他们遵循自己的计划，忠于自己的设计意图。

日常的发明

材料：各种低结构材料，黏合材料（包括胶带和胶水），纸，书写材料。

指导：让孩子们参与集体对话，思考和讨论教室中可能存在的某个问题（如门无法保持敞开）。请他们帮忙设计和创造一项发明来解决这个问题。在收集低结构材料和黏合材料之前，孩子们可以先在纸上画出草图。他们对自己的设计感到满意后，就可以开始鼓捣各种材料并测试自己的发明，看看它们是否真的能帮助解决问题。完成设计过程后，他们可以根据需要修改自己的计划。一旦某个孩子发明了一个成功的作品，就可以为这个新装置拍照，并添加到有关班级发明的自制图书中。孩子们可以为他们的发明命名，并写一段相关的说明来描述他们经历的过程。

观察：孩子们是否能够批判性地思考教室环境，并对需要改进的区域进行头脑风暴？他们能否把自己的想法转化为设计图纸，并按照它成功地执行创作过程？当他们在探索中遇到挑战时，或者当他们的设计没有达到自己的预期时，他们是如何应对的？他们是否能坚持完成这个项目？

延伸：让孩子们审视一下学校，看看是否有更大的项目需要探索。在班上分享社区存在的问题，并邀请孩子们思考他们可以怎样帮助解决周围世界中更大的问题。邀请社区成员在课堂上帮助孩子们完成项目，是一种让探索走出学校围墙的好方法。孩子们可以使用学校的账号，通过社交媒体与更大的社区分享他们的发明。

塑料积木做的弹珠跑道

材料：大量塑料积木（如乐高积木），水平的底板，弹珠，纸张，书写材料。

指导：如果你觉得孩子们在开始这个任务之前需要鼓励和灵感的话，可以给他们看一些错综复杂的户外迷宫的图片。这些图片通常可以成为有趣的话题引子，因为许多孩子可能从来没有机会建造这些东西。先让孩子们在和底板等大的纸上画出迷宫的蓝图。等孩子们对自己的设计感到满意后，就可以鼓励他们每个人将塑料积木插在水平底板上，以创建一个供弹珠穿过的复杂的迷宫。把弹珠放在迷宫的起点，当孩子轻轻摇动底板时，弹珠也会随之移动。路径越复杂，操纵弹珠的运动就越具有挑战性。

一个孩子用塑料积木建造迷宫并操纵弹珠在其中移动

观察：孩子们对设计和建造自己的迷宫感兴趣吗？他们有参观或玩迷宫的经验吗？他们有设计和建造迷宫的计划吗？孩子们在设计中遇到困难时，是如何解决的？

延伸：如果孩子们对迷宫表现出持续的兴趣，就鼓励他们在户外的游戏场地中创造自己可以在其中穿行的更复杂的迷宫。使用不同的材料，如废旧的箱子和大型木质积木。也可以在网上搜索大型户外迷宫，看看世界各地建造的许多有趣的迷宫。

继续鼓励孩子们考虑如何将日常用品创造性地应用于特定目的。在我们的教室里，孩子们每天早上都会透过窗户看学校前面那条马路上繁忙和喧嚣的景象。他们对观察到的不同车辆感到着迷并进行了深入研究，以便更好地理解它们的设计和功能（垃圾车有一个大而有力的叉子，可以很轻松地举起路边装满的垃圾桶；警车上有警笛和警灯，有紧急情况时可以提醒其他人让路）。我结合孩子们对车辆功能和设计的兴趣，让他们创造出自己有趣的汽车，并参加在我们游戏场地的大山坡上举行的班级车辆比赛。

车辆比赛

材料：关于车辆的信息来源（图书、网站、社区专家），各种大大小小的低结构材料，黏合材料，秒表或计时器，纸，书写材料（包括铅笔和蜡笔）。

指导：在深入探索车辆之后，鼓励每个孩子在纸上画出自己设计的汽车或卡车。鼓励他们反思自己对车辆有哪些了解，并将其融入自己的设计中。（他们想让车开得快？稳定？还是能负重？）孩子们有了计划后，要为他们提供足够的时间和资源，支持他们使用低结构材料来实现自己的设计。如果这对年幼儿童来说太困难，那就寻求年长的编程搭档的帮助，或者让父母来教室提供志愿服务。

孩子们可以测试自己的设计，方法是在赛道上使用它们（让它们滚下斜面或比赛中使用的大山坡），或者执行比赛的预定标准（比如承载最重的负载）来测试他们的设计。待所有的孩子都设计和创造了他们的车辆后，就可以引导他们进行比赛。如果你在观察谁的车从斜面或山坡上滚下来最快，那就花点时间让每个孩子测试他们的设计，并使用计时器记录结果。邀请他们观察车辆运行情况，记录提高性能的方法，并花时间修改自己的

可以用木制手工部件制成简单的车辆

设计以改进其表现。这个活动不一定要在一天内完成，可以把它组织成一个区域，让孩子们可以探索更长时间。他们还可以设计和构建复杂的障碍物，以便在测试自己的作品时使用。

观察：孩子们是否能够从头到尾成功地执行设计过程？他们对这个挑战感兴趣吗？他们是否将设计中的错误作为学习的机会？他们是否会考虑并运用同伴对自己的设计提出的改进建议？他们是否积极参与？当设计没有按预期实现时，他们会坚持下去吗？他们对增强游戏体验或创造后续的新挑战有什么想法？

延伸：考虑在社交媒体上分享你的挑战，邀请线上笔友和其他感兴趣的人也来进行设计、测试、改进，并与全球范围内更多的观众分享他们的创作。仔细审视课堂外创建的那些设计，并将其复制到你的工作中进行实验。讨论其他设计中的成功之处，并考虑在你的创作中加以体现。给这些作品拍照，请孩子们书写关于它们的故事，并把信息添加到有关班级发明的自制图书中，保存在教室的建构区。

创客空间是一个神奇的地方，能鼓励孩子们参与创作和问题解决。当孩子们有动力去探索自己的兴趣领域时，就会有很多机会卷入强调创造力、协作、创新和毅力的计算思维活动。探索低结构材料的经验，将帮助孩子们发展有益于未来编程活动的技能和知识。

第5章

通过不插电编程培育社区意识

孩子们忙着精心制作农场动物造型，然后把它们放在纸做的干草堆和泥塑的大树中间。

“我要把我的奶牛放在这里，紧挨着草地，因为我记得农民伯伯就是在那里喂它们的。”

“不，我认为奶牛应该在红谷仓旁边，而不是那排树旁边。把它们再向我这边挪一点。我要做个鸡舍，把小鸡放进去。奶牛和小鸡住在不同的房子里。”

“我要在外面建造一条拖拉机车道——我会使用鹅卵石，把它们用棕色的黏土裹起来，让它们看起来真的像土里的石头。”

在孩子们对动物进行了丰富的探究之后，最近我们考察了当地的一个农场。在实地考察中，他们使用班里的平板电脑拍照记录了他们发现的有趣事物。回到教室后，他们希望尽可能多地重建农场，用黏土制作动物，用低结构材料和其他材料创造他们观察到的建筑和地标。农场一建成，他们就打算借助它复述自己的旅程，以各种方式从头到尾地展现这次实地考察的经历。

孩子天生好奇，从呱呱落地到第一次走进学校的大门，他们都在努力运用所有的感官来更好地理解周围的世界。通过直接体验进行学习对于孩子们在整合式和探究式的课堂中取得成功至关重要。当孩子们提出复杂问题、努力探索解决方案、深入反思最终结果时，体验式学习就发生了（Dietze & Kashin, 2018）。为了将经验转化为新知识，这个过程需要对学习者有意义。体验式学习总是螺旋式的，而不是遵循固定的线性路径。随着孩子们不断地探索周围的世界，他们会将以往的经验融入新的探索和知识建构中。这个循环会周而复始，孩子们基于以前的知识和经验进行建构，并随着时间的推移不断整合新的观察和联系。他们的图式随着每次新的探究而发展和演变，变得更加深入和复杂。

在瑞吉欧教育中，学校不是唯一的学习场所（Wein，2008，2014）。正如上面的活动片段所示，孩子们可以外出进行一日游，有机会在当地社区探索并获得现实生活的经验。户外活动为孩子们提供了许多机会，使他们与自己的生活建立联系，并通过实际操作，通过各种感官欣赏大自然所提供的一切来进行学习。孩子们在探索学校之外的世界时，会通过许多关系认识到他们与彼此以及与周围世界的基本联系。在活动片段中，很明显，孩子们在参观农场后通过再现他们的经历（讨论动物住在哪里、吃什么，以及农场里使用的车辆）来深入理解农场的复杂性。虽然一开始可能并不明显，但他们正在将自己在农场的经历进行编程，通过艺术创作的过程解构和诠释自己的思维，进行元认知层次的思考。可能激发更深入的探究和理解的户外活动包括：

- 看看学校里孩子们很少去的地方，包括教职员工和高年级学生使用的“幕后”房间、主要的办公室以及走廊；
- 深入探索校园，包括草地或树木繁茂的边缘地带；
- 步行到附近的小径、溪流、田野或林地；
- 参观步行可达的当地公园和自然保护区；
- 经常在当地社区散步，深入研究社区的建筑和地标；
- 观察繁华的城市街道、商店、公园、地铁系统和铁路；
- 思考哪些东西可能藏在地下深处或高空中。

连接当地社区和瑞吉欧教育

瑞吉欧式的教育者会培育和支持安全而有益的课堂环境，让孩子和他们的家人能看到自己在学习空间中的反映，并一起努力实现共同的学习和理解（Wein，2008，2014；Wurm，2005）。家庭成员参加活动并以多种方式分享与孩子生活有关的经验和信息，为学校提供支持，并帮助制定政策。整个城镇都能感受到孩子们的存在，因为他们的学习随处可见，在公园、商店橱窗、家里，甚至在当地的剧院里都有展示。这是对孩子们的尊重，把他们视为社区的成员，认为他们能以各种方式为当地的文化做出贡献。

学校是社区的核心。在瑞吉欧教育中，教育被视为社会的焦点，欢迎家庭成员尽其所能为所有儿童提供最好的体验（Wein，2014；Wurm，2005）。将学习直接带入社区有助于建立二者的联系。在教室之外开展活动可以增强孩子们的思维能力，联合校内的合作伙伴，并鼓励社区更仔细地审视和欣赏年幼儿童那丰富的探索。因此，我们可以合理地认为，充分利用当地社区提供的一切，可以支持孩子们个人和集体的探索，激发丰富的探究，从而导致深入的计算思维活动。

在我们的课堂上，我们发现以当地社区为不插电编程活动的灵感来源有很多好处：

- 帮助孩子们认识到他们在我们这个大世界中的重要地位；
- 鼓励孩子们感知他们可能对当地社区产生的影响；
- 向孩子说明当地的环境如何相互连接形成一个更大的地方；
- 培养孩子的归属感、社区自豪感和爱国主义情感；
- 引导孩子在探索位置和距离时，以有意义的方式使用方位语言；
- 为孩子们不插电的游戏和活动提供丰富的背景信息；
- 为对编程感兴趣但需要更多结构和支持的孩子培养技能；
- 将孩子对地图、斜面和路径的兴趣与计算思维联系起来。

虽然社区与不插电编程活动一开始看似无关，但帮助孩子们使用各种策略和工具探索他们所在的社区，包括观察和绘制地图，可以将这两者直接联系起来。使用编程板，或使用其他交流方式，如故事情境中的一组指令或算法，可以帮助使用者走上一条包含场景、角色和故事情节的完整路径。这就使编程变成了可共享的项目，可以让学校之外的其他使用者直接参与其中。社区探索能帮助孩子们理解他们周围的世界（人、地点和事物）是如何构建的，通过这种探索，他们可以从对地点和时间的实物表征转向更抽象的数字化表征。对一个方面的探索会促进另一个方面的探索。

伯斯（Bers）提醒我们，那些鼓励孩子们思考并融入更大社区的编程活动也提供了一种"回馈他人"的机制，使世界成为一个更积极、更有成效的地方（2018）。在教室之外分享孩子们的经历可以鼓励社区对教育的支持和参与，家庭成员、朋友和邻居等利益相关方都得以认识和赞赏年幼儿童的成就。当活动涉及社区时，观察者可以通过多个切入点来连接活动与社区，并考虑它可能对自己生活及更大范围的影响。孩子们可以利用互联网和社交媒体与世界其他地区的孩子接触，通过编程项目分享自己所在社区的信息，并通过他人的编程作品了解新的和有趣的地方。探索社区可以引导孩子们踏上许多有趣的旅程。我一直把编程的孩子们看作旅行者，把编程的路径看作我们的地图：它们都有起点和终点，可以帮助孩子从头到尾按特定的顺序移动一个物体或角色。

在前几章中，我分享了邀请孩子们使用网格图探索不插电编程概念的一些基础活动。但是对于那些还没有准备好使用网格图的孩子们，该怎么做呢？在我们的教室里，我使用了许多简单而有效的工具和游戏，帮助孩子们脱离复杂的编程网格图来认识编程路径的目的。这些易于实行的活动可以让孩子们为以后的编程探索做好准备，也可以作为更复杂的社区编程活动的一个过渡。如果说在编程板上进行不插电编程是一段旅程，那么下面的活动就是孩子们可以进行的短途旅行，一次完成一项活动，帮助他们建立编程的信心和能力。

利用泡沫垫创建编程路径

材料：多套可拼接泡沫垫。

指导：向孩子展示如何用不同的方法将垫子拼接在一起。不要让孩子们把垫子拼成传统的正方形或长方形，而是展示如何一次放一块，从一边到另一边，形成一条长长的曲折的路径。选择一端作为起点，站在它上面。让孩子们看你如何慢慢地一块一块地走，一直走到这条路径的终点。你移动的时候，要明确说出你移动的数量和方向（“我向前一步，向右两步，再向前两步，现在向左一步”）。把垫子拆开，鼓励孩子们帮你把它们重新排列成一条新的路径。添加更多垫子，以增加在路径中移动的复杂性和挑战。重复沿着路径移动的过程，走过每一块垫子并大声说出你的移动方式。鼓励孩子们考虑使用几块垫子，放在什么位置。当孩子们做好准备后，为本活动增加书写的元素，在路径旁边放置箭头卡来描述使用者从头到尾沿着路径移动时遵循的顺序。请一名志愿者走过这条路径，同时鼓励孩子们和你一起读出相应的算法。引导孩子们轮流创建和执行路径，直到他们熟悉并准备好独立探索这些材料。

将泡沫垫拼接在一起，形成一条供孩子们通过的路径

观察：孩子们理解这些垫子是如何组合在一起的吗？他们是默认将垫子拼接在一起、中间不留空隙（就像拼图一样），还是认为这些垫子可以沿多个方向移动？他们能自己沿着路径走吗？他们是否为自己的道路设置了故事情节？在付诸行动之前，他们能清楚地说出自己使用的编程路径吗？

延伸：当孩子们做好准备时，可以考虑添加箭头编程卡来指示方向。把泡沫垫带到学校的其他区域，比如体育馆或户外，便于孩子们将其融入自己的游戏和探索中。

吸管和连接器的路径

材料：大量吸管和连接器。

指导：向孩子们展示如何将吸管和连接器组合成方格，并将方格连在一起形成复杂的路径。要创建多样化的路径，使用者需要左右、前后移动多次。确立起点和终点，为孩子展示如何一个方格一个方格地移动，并在移动的过程中清晰地描述你的动作。在白板上记录沿这条路径移动时必须执行的编程序列。鼓励孩子们将吸管和连接器重新排列成新的路径。在设计和构建编程序列时，向孩子们提出挑战（"你们能建立一条贯穿整个教室的路径吗？""你们的路径能绕过两张桌子吗？"）。

将吸管和连接器组合成一条路径，孩子们可以用走或跳方格的方式通过

观察：孩子们能熟练操作吸管和连接器吗？他们是共同创建一个大型的作品，还是独立创建？孩子们是画出整个项目并制订计划，还是边做边试验和创造？

延伸：挑战孩子们，让他们把二维的正方形变成正方体，并连接起来组成不同的三维路径。他们能看出这个新的序列创建的路径吗？他们能否操作一个物体（如玩具飞机或毛绒玩具）通过这条路径，并口头描述每个动作？他们对这些三维部件的用法还有什么其他想法吗？

用磁铁编程

材料：大量方形磁力片，箭头编程卡。

指导：使用一块竖直的金属板，为孩子观察这个活动提供一个不同的视角。示范如何将这些磁力片一个挨着一个放，从而创建一条迷你的竖直编程路径。确定路径的起点和终点。用你的手指指向起点，一边说出编程序列，一边执行指令沿着路径移动手指。创建一条新的路径，让孩子们研究从起点到终点的过程中运动的方向。将箭头编程卡放在每个磁力片里面，

这条编程路径由磁力片创建，箭头编程卡用于指示方向

使其方向可见。让孩子们说出这条路径从起点到终点的序列。

观察：孩子们创建的是简单的还是复杂的路径？他们的路径是否具有选择性和多样性，让使用者可以通过多种方式到达终点？孩子们是否能够使用正确的方位语言来描述方向和动作？

延伸：询问孩子们如何丰富他们的路径。他们是否可以添加其他磁性低结构材料，在他们的序列中制造必须考虑的障碍？他们如何以不同的方式使用路径？为他们提供不同的底板（磁性黑板、饼干托盘），鼓励他们必须在底板内操作，从而创建更复杂且紧凑的路径并进行操作。

塑料积木路径

材料：大量的塑料积木（如乐高积木），大块底板，各种预先写好的编程序列卡。

指导：将塑料积木放在靠近底板的篮子里。让孩子们从编程序列卡中选择一张。将这张卡片放在底板的旁边。按照编程卡上的指令，将第一块

向孩子们提出挑战，鼓励他们按照编程卡所示创建路径

积木放在底板上的起点处。按照指令，一行一行地将塑料积木插在底板上，直到结尾，从而构建完整的算法。将卡片翻过来核对答案，看看自己的积木作品是否与卡片所示的编程路径一致。

观察：孩子们对使用塑料积木创建路径序列感兴趣吗？根据孩子的发展水平，他们的精细动作技能足以操作小的零件和复杂的设计，还是说更大的积木（比如得宝积木）效果更好？孩子们是否添加了低结构材料来丰富他们的路径，并创编了自己的故事情节？他们是否渴望设计自己的路径，让别人来走？

延伸：鼓励孩子们设计、建造和记录他们自己独特的塑料积木路径，供其他人来走。把它们写在编程卡上，供其他孩子在游戏时使用。考虑利用编程搭档来帮助支架和支持孩子的体验。

用五连方[①]创建编程路径

材料：大套五连方，小玩偶，纸，铅笔。

指导：在一个大筐里展示五连方。在操作台上，将几块五连方首尾相连，形成复杂的编程路径（这与它们原有的互相拼合不留空隙的用法刚好相反）。五连方给孩子们带来了额外的挑战，因为它们的设计很复杂，而且每一块上的五个方块是组合在一起的。用它们可以创建一条有多个“死胡同”的复杂路径。创编一个有多种角色的故事（例如动物们想要找到彼此）。从起点到终点对运动方向进行编程，让角色能穿过迷宫到达终点。等孩子们对角色的运动方式感到满意后，就可以在路径旁边记录相应的代码。添加更多块五连方或更改设计，使其更复杂。孩子们可以设计一张背景图片作为场景，支持编程序列背后的故事。

① 五连方（pentominoes），又称五格骨牌，也可音译为“潘多米诺骨牌”。每块五连方由 5 个连在一起的方块组成，共有 12 种不同的组合方式，故别称“伤脑筋十二块”。——译者注

通过首尾相接地放置五连方创建的路径

观察：孩子们能否用五连方摆出不同的路径？他们是否能够清晰地说出一个成功的序列而不会走入死胡同？他们在这个活动中需要多少支持和指导？他们是一步一步地编写代码，还是在设计中加入了控制结构，比如循环？他们出错时，会很容易沮丧，还是能够把错误作为改进自己探索的机会？

延伸：询问孩子们，他们觉得还有什么低结构材料可以丰富自己的五连方路径。将这些材料与五连方一起放到一个大的区域，在那里孩子们可以连续多日设计、测试和改进复杂的路径。鼓励他们保留正在进行中的设计，并邀请他们的朋友加入。将完成的五连方路径拍照、打印并塑封，供孩子们使用白板笔进行探索。

通过编程探索社区

当孩子们习惯于使用有形的路径后，你可以继续进行更多的编程活动。在我们的教室里，我们利用当地社区来启发不插电编程活动的第一种方法，是使用由各种材料创设的路径来重新创建我们在学校和社区散步时观察到的内容。这些路径共同构成了一个系统，孩子们可以通过这个系统在理论上或实际上把物体从一处移动到另一处。与我们使用马路和人行道从一处移动到另一处类似，孩子们在作品中使用的各种材料和低结构材料（如下面的活动中所述），成为他们日后理解编程系统的物质基础。这些算法的“积木”通过“建构”这种语言帮助孩子们使用和理解抽象的编程序列。在课堂上完成任何活动之前，我们都会花时间阅读，并讨论如何使用技术（包括我们平板电脑的摄像功能）来捕捉我们在社区散步时的发现，从而为散步活动做准备。就像在其他活动中一样，与孩子一起大声朗读并讨论优质图书，可以帮助他们建立背景知识并引发对话，从而更好地规划和实施探究。

通过图书探索社区

材料：关于绘制社区地图和探索社区的优质图书，包括洛琳·利迪（Loreen Leedy）的《画出彭尼的世界》（*Mapping Penny's World*），琼·斯威尼（Joan Sweeney）的《地图上的我》（*Me on the Map*），尼尔·切萨诺（Neil Chesanow）的《我住在哪里？》（*Where Do I Live?*），斯科特·里奇（Scot Ritchie）的《跟着地图走！》（*Follow That Map!*）。

指导：花时间和孩子们一起探索每本书。阅读时，用手指着画面，指出故事的每个部分发生了什么事情。突出各个角色探索周围世界并记录他们所见的不同方式。特别强调书中包含的地图，引导孩子们参与对话，讨论他们如何在自己探索社区的过程中使用这些知识。如果你打算带孩子去学校的其他区域或社区，可以征询他们的建议，即如何记录所见所闻（如使用平板电脑拍照或在速写本中画图来记录观察结果），以便在随后的活动中使用这些信息。让孩子们在整个阅读过程中进行充分的提问，以揭示他们关于角色经历的想法，并在故事与自我、故事与故事或故事与世界之间建立丰富的联系。在你组织社区探索活动之初，可以把这些书随身带上以备参考。

观察：孩子们在每本书中注意到了什么？他们是否能够使用画面来支持自己对位置和方向的理解？他们是否能将故事与自己的生活和经历联系起来？他们是否将书中的观点延伸到了自己的游戏中？这些书能否用作对话提示，帮助他们规划自己探索周围社区和更大区域的方式？

延伸：与孩子们就每本书中的体验进行对话。询问他们是否有兴趣探索学校或社区的某个陌生区域。和他们一起计划如何走出教室开展旅行活动。寻求专家指导，收集资料，并邀请合作伙伴给予支持和鼓励。接触更大范围的社区，计划沿途的停留点，帮助孩子们发现新的和有趣的地方并收集信息，以便在未来的编程活动中使用。

社区徒步

材料：平板电脑，相机，书写工具（包括铅笔和记号笔），剪贴板或日记本。

指导：在孩子们通过阅读思考了社区探索的概念后，就可以鼓励他们走出教室去冒险和探索。选择一个参观的地方。也许可以询问一下孩子们想去哪里。你可以列一个清单，让孩子们投票选出他们最喜欢的几个地方，然后在后续的社区徒步中花时间去每个地方探索。提前计划好孩子们如何在教室外收集和表征他们的观察结果，并在活动之前收集需要的东西。使用手推车存放需要的物品（平板电脑、剪贴板、日记本、书写工具），可能会让你在徒步时更轻松，尤其是考虑到孩子的年龄。可以招募志愿者——年龄较大的学生和家庭成员——陪伴孩子们，在徒步过程中为每个孩子提供额外的支持，帮助他们指出沿途有趣的事物并收集观察结果，以便回来后在课堂上使用。回到教室后，让孩子们围坐在地毯上，分享自己在徒步过程中的观察结果和收集的资料。使用开放式问题来激发和引导讨论。

观察：孩子们在徒步时注意到了什么？他们对什么感兴趣？他们是如何与周围环境互动并记录观察结果的？他们对周围的环境感到舒适和熟悉吗？他们在徒步期间和徒步后，提出了什么问题？

延伸：让孩子们在徒步后进行一场集体对话。让他们分享周围环境的照片或图画，并讨论他们的问题或关切。鼓励孩子们以某种方式吸纳他们的新经验。也许他们想通过做研究来进一步探索一个问题，或者以一种新的方式分享关于社区的信息（为当地的一座建筑制作广告，写一篇关于他们的经历的故事，画一张地图）。询问孩子们：如何分享这些新问题，以便在教室之外和更大的社区中进行探索？

随着孩子们对他们的社区感到舒适和熟悉，他们可以开始将自己的观察转化为实物表征。需要多次参观才能帮助孩子们对学校之外的世界形成完整和熟悉的认识。创建地图和其他表征来讲述孩子们的旅行故事，是一种有效的方法，可以整合 STEM（科学、技术、工程和数学）并为孩子们随后的不插电编程探索做好准备。在我们的教室里，孩子们总是非常渴望用不同的材料和表征来展示他们的旅行经历（用积木和低结构材料搭建一个场所，制作熟悉场景的立体模型，用牛皮纸绘制大型壁画）。教育者可以在孩子学习时提出问题，在孩子研究时提供支持，鼓励他们运用 STEM 思维，并通过各种创作语言（如绘画和建构）表达他们的理解。这些建筑平面图将成为孩子们在随后的绘图和编程活动中使用的框架。

绘制社区地图

材料：绘画工具（如蜡笔、铅笔和记号笔），大张壁画纸或牛皮纸；木质积木；回收材料，包括盒子和其他低结构材料（木钉、纽扣、盖子）；平板电脑或台式电脑。

指导：浏览孩子们在社区徒步时观察的各种结果（照片、图画、文字）。选择一个需要表征的场所（校园或学校周围的社区）。将牛皮纸放在一个大的区域，并鼓励孩子们在中间画出他们的学校。利用对学校周围的人行道和马路结构的了解，孩子们可以开始绘制他们社区的马路网格图。孩子们也可以参考他们在社区的独立旅行经历，为这个项目提供信息（比如他们的校车每天从家到学校的路线）。协助孩子们开展这个项目，展示学校和周边区域的高空摄影照片，便于他们检查自己绘图的准确性。等到孩子们认为他们已经创建了合乎需要的表征并感到满意后，他们就可以开始用回收材料表征建筑物和其他地标，从而填充地图。随着时间的推移，鼓励他们添加其他细节——树木、景观、车辆、邮箱。待孩子们完成地图后，通过提问来加强他们对地点和方位的认知，让他们描述相关的参照点（“在地图上，你家在我们学校的什么位置？”“如果你在学校时需要寄一封信，最近的邮箱在哪里？”）。然后可以挑战孩子们，让他们以道路为指引，创建沿着地图移动的指令。帮助孩子们用鸟瞰的视角来描述地图上的移动（“如果有人想从学校去图书馆，你会怎么给他指方向？”），并要求语言尽可能地准确。

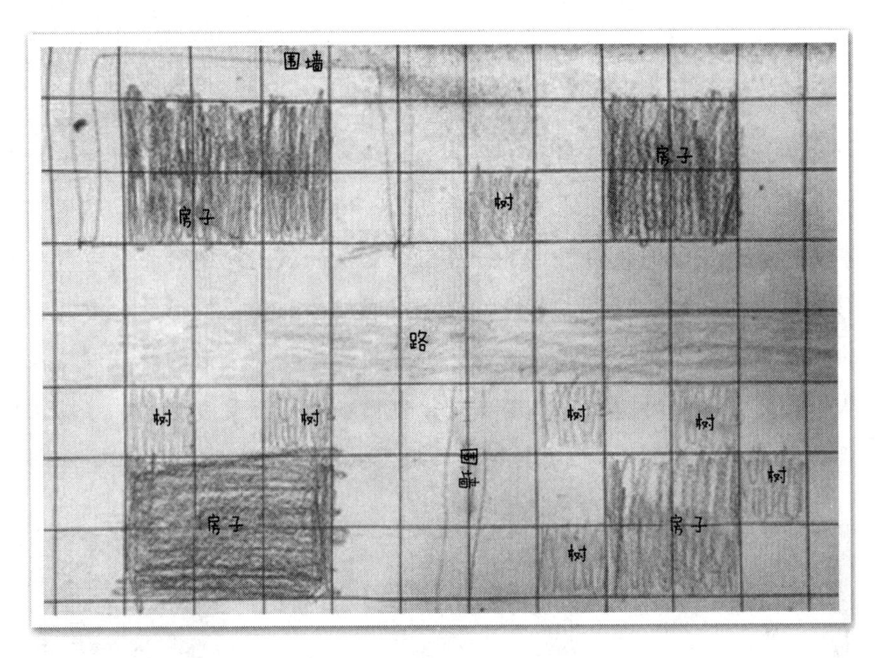

一个孩子画的社区鸟瞰图

观察：孩子们是否能够将他们的新知识迁移到大型协作表征中？他们是各自为更大的创作贡献一部分，还是独立探索？他们能否将方向融入自己的设计中？他们能否发现并理解各个小部分如何组合成更大的部分？

延伸：把牛皮纸大地图和低结构材料（微缩模型、积木、汽车）放在教室的中心位置，并鼓励孩子们将其用作表演戏剧的道具。他们可以复述自己在社区旅行的经历（比如从家步行到学校），或者通过角色扮演来“创造”冒险历程。当孩子们习惯使用方位语言并描述方向后，就可以鼓励他们将这些技能迁移到另一种方位表征上——用网格图纸绘制出其他熟悉的区域。

给教室编程

材料：大的网格图纸，书写工具（包括铅笔、蜡笔和记号笔）。

指导：鼓励孩子们考虑一个舒适而熟悉的空间，包括教室。示范如何用鸟瞰的视角来观察周围环境。让孩子们环顾教室，说出他们看到的事物。从门窗等永久性结构开始可能是最简单的。当孩子们说名字时，在网格图上画出实物轮廓。如果孩子们在构思地图方面有困难，就可以先选择一个中心事物进行识别和绘制，例如公共地毯或教师的办公桌。慢慢地把孩子们观察到的事物添加到地图上——桌子、椅子、架子和房间里其他有趣的事物。等到孩子们帮助创建了一张合乎需要的教室地图后，就可以鼓励他们使用不插电的编程语言来操作这个空间。他们可以使用包含方向和步数的编程算法，提供从一处移动到另一处的具体指令。他们还可以仅仅给出从一处到另一处的指令，让朋友猜出他们在地图上要去哪里。可以扩展本活动，让孩子们画出其他有趣场所的地图，比如游戏场地或卧室。

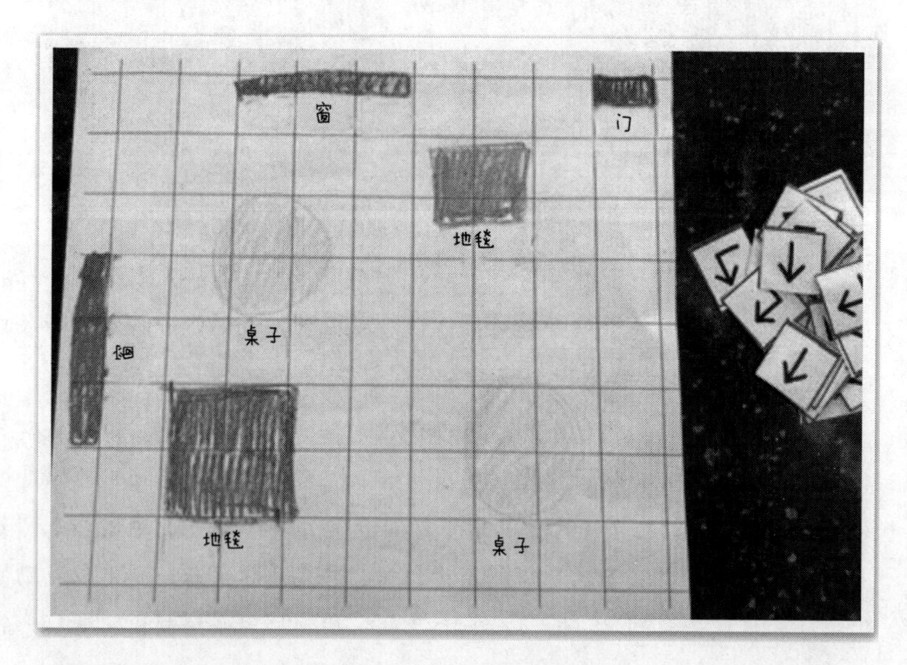

一个孩子画的地图，表征的是他的教室。他准备使用箭头编程卡片来展示他可以在这个空间中行走的不同路径

观察：孩子们能否将他们在周围环境中看到的事物转化为二维的纸面表征？他们是否能按比例绘制地图？他们能否理解彼此的地图？

延伸：鼓励孩子为其他感兴趣的区域创建网格地图，可以是学校或家里的某些区域。他们可以互相分享和比较彼此的地图，并就如何改进给出建设性的反馈。随着孩子们对绘制和操作地图日益熟悉，可以鼓励他们将地图融入游戏中并进一步探索。孩子们可以制作秘密地图，引导彼此在教室或游戏场地周围进行寻宝游戏。

秘密地图

材料：记号笔、蜡笔、铅笔等绘画工具，网格图纸。

指导：鼓励孩子为自己喜欢的地方绘制地图。他们可以使用网格图纸来创建与之前活动类似的地图。地图完成后，他们就可以在地图上使用箭头直接绘制编程路径，或提供编程算法，鼓励他们的朋友在地图上从起点走到终点。鼓励孩子们把地图融入他们的游戏中（在一个神秘的岛屿上寻找宝藏，营救一只走失的小狗）。教师可进行示范，首先分享一张预先制作好的地图。孩子们可以使用编程算法在地图上执行相应的步骤，从一处走到另一处，最后到达教师提前藏好秘密信息或奖品的地方。

观察：孩子们能在自己的游戏中成功地绘制和使用地图吗？他们是否理解“将使用者引导到特定位置”这一概念？他们是否会通过制作复杂的地图来挑战使用者？他们会在地图的终点提供什么来吸引使用者进一步探索？

延伸：询问孩子们如何丰富他们的秘密地图。也许他们可以在秘密地图的终点提供一个宝藏或一条消息以吸引使用者。他们还有什么其他创意，可以丰富地图的玩法？

将网格图融入编程体验的孩子可能已经准备好使用坐标描述位置。笛卡尔平面（或坐标平面）是由两条相互垂直的直线组成的特殊的网格图。x 轴是水平的，y 轴是竖直的。把这两个轴结合起来形成一个组合（x, y），就可以用一对有序的字母或数字来描述网格图上的任何位置。尽管有序的坐标对不是编程算法，但它们确实能将使用者引导到二维平面上的一个特定位置。孩子们会在随后的数学课程中广泛地学习笛卡尔平面，因此，让他们通过简单而有趣的游戏在早期建立熟悉感和理解能力是很重要的。坐标系也可以纳入编程活动中（比如在电子游戏中，使用坐标系在屏幕上移动角色），所以在早期接触坐标系将有助于为以后生活中更复杂的编程奠定基础。

引入坐标网格

材料：坐标网格图、字母卡、数字卡、塑料积木、白板、白板笔。

指导：把坐标网格图展示在一个大的活动区的中心，使所有孩子都能清楚地看到。把数字卡放在x轴上（水平线），把字母卡放在y轴上（竖直线）。向孩子们解释，每条线都有一个特定的名称。当x轴和y轴的两条线相交时，它们就形成了一个坐标。对此进行展示，选择一个特定的坐标对，大声地说出来，并用你的手分别沿着相应的两条线移动到它们的交点。在网格图的那个方格中放一块塑料积木，并在白板上写下相应的坐标。然后选择另一块塑料积木，大声说出它的坐标并写在白板上，请一个志愿者把积木放到网格图中正确的位置。根据需要多次操作，以帮助孩子理解坐标网格图是如何工作的。待他们熟悉后，就反过来进行游戏，让一个孩子

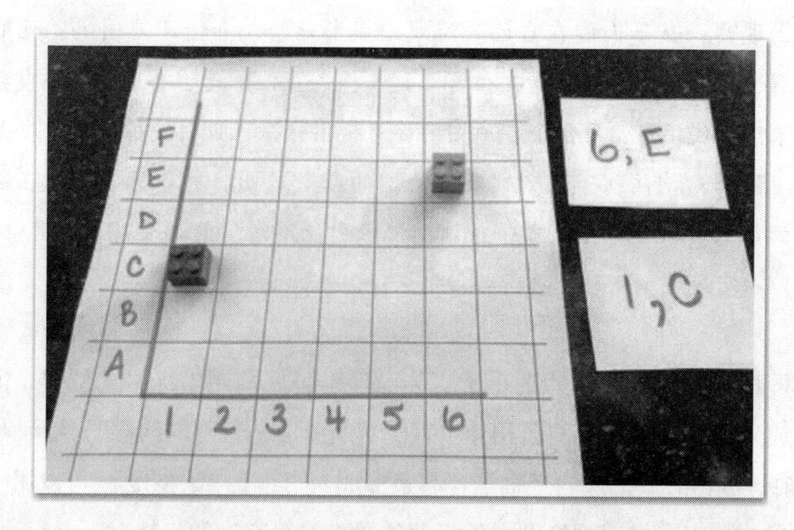

卡片上标明了塑料积木在网格图上的位置

在不说明坐标的情况下把一块塑料积木放到某个方格里，然后请志愿者在白板上写出正确的坐标。

观察：孩子们是否理解网格图的概念？他们是否能看出，坐标系中的两条线如何相交从而确定一个特定的位置？他们是否能够清晰地表达自己的坐标，并成功地将另一个人引导到相应的位置？他们能否以书面形式记录自己的坐标，以便其他人执行？玩完这个游戏后，孩子们还有什么其他的游戏创意？

延伸：把坐标网格图和材料放在一个区域，供孩子们进一步探索。鼓励他们一起玩游戏，书写和寻找不同的坐标。他们可以将其他材料融入游戏中，并在游戏环节不同的想象场景中使用坐标网格图。

“四个一排”坐标游戏

材料：大的坐标网格图（在图表纸上绘制，*x* 轴上写出数字 1 到 6，*y* 轴上写出字母 A 到 F），两个骰子（一个是 1 到 6，另一个是字母 A 到 F），记号笔，塑料积木。

指导：向孩子们展示坐标网格图。示范掷两个骰子并根据结果确定坐标。读出坐标后，在网格图上定位该点并在相应的方格里放一块塑料积木。

两个玩家轮流掷骰子并在网格图中放塑料积木，直到其中一方实现四块积木排成一排

孩子们可以继续掷骰子并填充网格图上的方格。待他们熟悉游戏后，就可以展示一张新的、空的网格图。告诉孩子们，他们要用坐标来玩“四个一排”的游戏。该游戏需要两名玩家或两支队伍使用网格图进行比赛。每一方选择一种颜色的塑料积木。双方轮流掷骰子，在网格图上定位相应的坐标，然后按他们指定的颜色在方格里放一块塑料积木。先在网格图上给一排连续四个方格放上积木的一方获胜。

观察：孩子们能够成功地定位并记录他们的坐标吗？当需要很长时间才能实现四个一排时，他们会坚持下去吗？他们对这个游戏感兴趣吗？他们还有什么其他的玩法？

延伸：如果发现孩子们很难等到四个一排，可以考虑修改玩法，减少获胜所需的数量。鼓励孩子们思考这个游戏的不同玩法。

比赛填满网格图

材料：小的坐标网格图（在图表纸上绘制，x 轴上写出数字 1 到 6，y 轴上写出字母 A 到 F），两个骰子（一个是数字 1 到 6，另一个是字母 A 到 F），大量低结构材料（宝石、塑料积木、贝壳），筐。

指导：这个游戏可以一个孩子玩，也可以一个小组玩。将宝石（或塑

孩子掷骰子，用塑料积木填自己的网格图

料积木、贝壳）放在桌子中间的筐子里。每个孩子不断掷骰子，确定坐标并将一块宝石放在自己网格图上相应的方格里。他们要以自己最快的速度掷骰子并在网格图中放宝石。第一个用宝石填满网格图上每个方格的玩家获胜！可以改变游戏规则，让孩子们在游戏开始时，在每个方格中都放上宝石。每掷一个骰子，就移走位于该坐标的宝石。第一个清空网格图的玩家获胜。

观察：孩子们是否能够坚持完成这项活动，即使他们似乎需要很长时间才能填满或清空自己的网格图？他们喜欢独自玩这个游戏，还是与朋友一起玩？

延伸：考虑改变网格图的大小，使其对游戏者来说更简单或更复杂。更换放在网格图上的低结构材料（如小汽车、宝石、串珠或动物微缩模型），以吸引不同的孩子。

秘密坐标代码

材料：一张大的网格图纸，每个坐标格内随机放一个字母。

指导：在和孩子们玩这个游戏之前，先创建一条秘密信息或一组密码，然后在网格图底部按顺序排列每个字母相应的坐标。鼓励孩子们查看每个

孩子们用坐标找到相应的字母，从而破译秘密信息

坐标并找出它在网格图中的位置。找到这个位置后，识别出这个字母，并把它写在相应的坐标下面。重复这个过程，直到识别出密码中的每一个字母，然后孩子们就能读取这条秘密信息了。

观察：孩子们能否在网格图上找到正确的位置，从而获取相应的字母？他们能把这些字母拼成一个单词并读出来吗？是否应该以某种方式修改网格图，以使其更容易或更具有挑战性？

延伸：鼓励孩子们为彼此创建秘密坐标信息。将它们复制、塑封并放到书写区，供孩子们反复使用。考虑打乱孩子们根据坐标找到的字母的顺序，这样他们必须解码这些字母才能发现相应的信息。对于准备好迎接挑战的孩子来说，这可以使游戏更加复杂。

年幼的儿童对他们在周围世界中的位置非常着迷。探索周围环境、教室、学校和社区的冒险活动，为探索不插电编程提供了丰富的情境。

第 6 章

创造性的编程

孩子们被一排玻璃罐迷住了，里面装着用食用色素染色的水，高度各异。

“我喜欢这首歌——听听萨姆弹的！”朱莉娅兴奋地说。

我看着萨姆有节奏地轻轻敲击罐子，演奏出独特的旋律。

“真希望我们能保留这首歌！我想和我妈妈一起分享！”

“我知道……我们可以像歌手一样把这首歌写下来。我们需要在纸上画小圆圈。这样，其他人就可以看到并演奏这首歌了！”

孩子们收集材料并开始探索。当萨姆用他的勺子敲击一个玻璃罐奏出一个音符时，朱莉娅根据水的颜色用彩笔画了一个圆圈来做记录。当萨姆演奏完他的歌曲时，朱莉娅在纸上画了一排不同颜色的圆圈，来表征他的作品。

“现在我可以演奏萨姆的歌了！我只需要看着这些圆圈，就知道该怎么做了！”

许多教育者都知道，游戏化的探索——包括通过艺术的语言——对孩子的成长、健康和幸福是至关重要的。然而，我们中的许多人仍然受到严格的学业要求和问责制的牵制，被标准化的课程和评估义务所限制。作为教育者，我们也认识到，应该将 21 世纪技能——协作、问题解决和创造性——融入常规的课堂体验中，这些要素最有可能帮助我们的孩子为未知的未来生活做好准备。教育者如何在满足要求的同时尊重并融入艺术，并将其作为真正的学习语言？在这一章中，我将分享一些例子，说明如何用快乐的、创造性的方式让孩子们发展计算思维，学习不插电编程，同时通过具有美学趣味的游戏和活动来丰富他们的体验。

艺术的语言

艺术探索一直被视为年幼儿童生活的重要组成部分，有助于发展言语和非言语表达，支持认知和身体发展，促进社会性与情感能力发展，加强问题解决能力，并促进文化意识和自我意识发展（Isenberg & Jalongo，2018）。在不插电的编程活动中，孩子们可以使用多种艺术形式，包括视觉艺术、戏剧和音乐作为表达的语言。当字母和数字无法充分表征体验和情感的深度时，艺术可以将孩子的记忆和情感融入他们的作品中，增强符号化的交流并提供自我表达的途径（Wexler，2004）。编程作为一种富有表现力的活动，鼓励孩子们"做中学"——认识探索的过程，识别整个过程中的各个步骤，发现问题并进行调整，与更多的受众分享他们的思考。艺术可以培育和加强教育环境中的关系，使孩子和教育者在社会性和情感方面相互联系，使用创新的工具和材料支持彼此的兴趣和能力（Dietze & Kashin，2018）。作为一名教育者，在我的课堂上最吸引我的是视觉艺术，我对用黏土塑形和用水彩探索色彩混合有着美好的童年回忆。因此，我渴望尽可能地将艺术融入编程活动中。我观察到，我们班里一些最安静、最不情愿参与活动的孩子也能通过分享自己的艺术表达而获得成长。我相信艺术是教育者可利用的最强大的计算思维工具之一，其潜力仅受制于教育者和孩子们的想象力。

在我们的瑞吉欧式项目中，鼓励孩子们利用他们对世界的好奇来引发不插电编程，运用一百种语言，通过多种艺术形式和媒介，探索和表征他们萌生的理论。找到一种表达自己的方式，通常会导致自我发现。姜金菊（Kang Jinju）解释说："瑞吉欧·艾米利亚的学校鼓励孩子们建立自己的语言。……增加孩子发展和表征自己想法、感受、思考的可能性。"（Kang，2007）孩子们掌握自我表达的艺术后，就可以自由地与他人交流，以无数种方式交流想法，从而促进复杂的协作和社会互动。计算思维在孩子使用符号语言进行实验、解决问题和交流思想时表现得很明显。教育者还可以将艺术灵感应用于本章介绍的许多更有组织的集体和小组形式的编程游戏和活动中。

教育者可以通过课堂上的许多策略来支持孩子在计算思维活动中开展艺术探索：

- 创建一个安全的和支持性的环境；
- 强调制作过程比最终产品更重要；
- 提供丰富的开放式材料；
- 理解艺术是孩子的符号性语言，通常是后续更加结构化的语言表征（包括阅读和写作）的先兆；
- 通过深思熟虑的提问和对话来鼓励孩子们分享他们创作背后的故事；
- 鼓励孩子将艺术作为合乎规则的探索和交流的方法；
- 将孩子们的艺术表征纳入学习环境中展示的记录；
- 在课堂之外分享孩子的艺术作品，并邀请社区成员欣赏和对话。

了解瑞吉欧的艺术探索可以促使我们思考：艺术在我们照顾的年幼儿童的计算思维活动中可能扮演什么角色？我们该如何利用艺术的灵感来促进不插电编程活动的开展，通过审美探索帮助孩子们在情感上相互联系，给这个有时被认为是一成不变的、死记硬背的领域带来欢乐和好奇呢？

根据伯斯的研究，当孩子们沉浸在一项愉快的、游戏性的活动中时，他们通常会受到内在动机的激励而全身心地投入这项活动中（Bers，2018）。他们会坚持不懈地解决具有挑战性的问题，并得到同伴的支持，经常是到了清理时间、需要转换到日程安排中的其他事情时，他们仍不愿意结束活动。在接下来的活动中，我希望利用游戏的力量来挑战孩子们，让他们运用自己对音乐、创造性运动和角色扮演的热爱，投入不插电的编程活动中。以下的大动作活动会吸引孩子们参与愉快的、社会性编程体验，帮助他们在互动中学习轮流和协商。可以添加音乐和道具来增强体验，并促使孩子们运用自己的身体进行游戏化的编程活动。

创造性的舞蹈编程

材料：大纸，胶带，各种舞蹈动作（旋转、拍手、打响指、跺脚）图卡，记号笔，音乐播放设备，二维码（扫描后可在线获取音乐）。

指导：把孩子们集中在一个开阔的区域，为他们进行创造性运动提供足够的空间。请他们帮助你编写接下来要执行的舞蹈序列代码。要循序渐进，先让孩子们选择舞蹈动作发生的顺序，然后用胶带将图卡按正确的顺序从上到下贴在纸上，创建可执行的“舞蹈算法”。演示如何扫描二维码。在网上找到一段孩子们喜欢的欢快的音乐，并按顺序指向每一张舞蹈动作图卡，引导他们依次表演出相应的动作，完整执行舞蹈代码。成功表演之后，让孩子们挑战自己，创建更复杂的代码。不断向序列中添加更多的舞蹈动作图卡，并确定每张卡片上的动作做几次或几拍后再转到下一张卡片。

待他们熟悉后，引入像循环这样的控制结构，创建更复杂的代码。就像之前一样，要循序渐进。按从上到下的顺序放置舞蹈动作图卡，但这一次要在卡片前面加上一个数字来标明每个动作重复几次。例如，如果把数字 5 放在“拍手”卡片之前，就意味着按顺序轮到这张卡片时，孩子们需

循环编程卡，标明了舞蹈动作的执行顺序

要拍 5 次手（拍手、拍手、拍手、拍手、拍手）。播放音乐并邀请孩子们再次按照代码一起跳舞。当孩子们做好准备后，再次调整活动，创建一个更复杂的循环。这次不再一遍又一遍地做相同的动作，而是将特定的动作组合在一起，然后将它们与一个数字一起圈起来，以标明应该循环几次。例如，对动作“拍手”“跺脚”“旋转”进行组合和循环，每次轮到这个序列时，必须按代码中指定的次数和顺序重复这些动作。6（拍手、跺脚、旋转）意味着轮到这个循环时，孩子们要执行这个模式 6 次。

观察：注意孩子们是否能够按照舞蹈算法中的顺序进行。他们能在教师有限的提示下完成舞蹈吗？他们能在没有帮助的情况下轻松地执行循环吗？他们在活动中表现出的熟练程度如何？还可以加入哪些动作或道具来提升体验，吸引孩子们持续参与？

延伸：把所有需要的材料（舞蹈动作图卡、供孩子们绘制更多舞蹈动作的空白卡、平板电脑、音乐二维码）放在教室中的某个区域，或放到筐里带至户外，让孩子们继续创作和表演自己独特的舞蹈程序。考虑可以添加哪些道具（彩色围巾、乐器）来丰富游戏，提升动作的多样性和复杂性，促使孩子们进行更复杂的舞蹈编程。

掷编程骰子，做动作

材料：3 个大的泡沫编程骰子。

指导：将 3 个大的泡沫骰子变成“编程骰子”，其中一个骰子各面贴上不同动物的照片（或单词），另一个骰子各面贴上方向箭头（前、后、左、右、上、下），第三个骰子各面贴上数字 1—6。将孩子聚集在一个较大的开放区域，如户外的游戏场地或体育馆。将起点设置在整个区域的中间。为孩子们做示范，掷出 3 个骰子，其结果是一种有趣的身体动作的“代码”，可以按照它进行创造性的、滑稽的运动。例如，如果掷出这个结果——数字 6、熊和向前——那么孩子们必须模仿熊的动作向前移动 6 步。“上”和“下”这两个方向是可以自行解释的，因此可以询问孩子在他自己的空间里可以是什么样子，或者替换成你们班孩子更容易理解的其他方向。提醒他们，这些动作都是从他们的视角出发的，要根据骰子移动自己的身体。

各种骰子可以用于创造性的运动游戏

观察：孩子们是否理解，这些骰子代表着3个不同的概念——动作、方位和角色？他们是否能够协调彼此的表演和运动？这些方向是否过于复杂，对它们进行调整是否会增加孩子在活动中的成功率和舒适度？是否可以修改骰子，融入孩子当前的兴趣，让他们更投入地参与活动？

延伸：提出挑战，让孩子们把动物、方向和数字换成更复杂的动作。这些可以与当前的兴趣和探究联系起来。可以考虑把骰子放在筐子里，作为自选活动时间或者户外活动和体育锻炼时间的一个选项（可以放在教室中一个铺着大地毯的角落里）。

创意动作编程竞赛

材料：3 个大的泡沫编程骰子，美纹胶带或粉笔。

指导：此游戏最好两人一组进行。将 3 个大的泡沫骰子变成编程骰子，其中一个骰子各面分别贴上不同动物的照片，另一个骰子各面贴上方向箭头（前、前、前、后、后、后），第三个骰子各面贴上数字 1—6。将孩子集中在一个较大的开放区域，如户外的游戏场地或体育馆。在场地上画出一条水平线（在地上贴美纹胶带或用粉笔画线），可供两个孩子并排站着。在竖直方向朝这条线的前面和后面再画一条长长的线，从而形成 4 个大的象限。孩子们沿着这条竖直线移动。每个孩子轮流掷 3 个骰子，并按照其显示的代码移动他们的身体。例如，如果掷的结果为“3”“蛇”和“向前”，孩子就要模仿蛇的动作向前移动 3 步。每个孩子轮流掷骰子，并沿着线向前或向后移动。第一个到达竖直线终点的人，无论前后，都将赢得比赛。

观察：孩子是否能轻松地理解“按照骰子代码移动”的概念？他们是否会均匀地控制自己的节奏，使每个动作都是前一个动作的重复？他们理解“向前”和“向后”的概念吗？他们是在一条直线上移动吗？

延伸：挑战孩子们，让他们和更多的玩家游戏，或以小组的形式游戏。询问孩子们，他们还会如何修改游戏，使其更吸引人或更具挑战性。将他们的想法融入未来的版本中。

当孩子们运用记忆和联系来激发新的创造时，艺术可以唤起他们的情感（Wexler，2004）。颜色、模式和音调能帮助我们更好地表征自己的想法和感受，并将其更清楚地传达给外界。编程同样需要清晰、简洁的表达。艺术也会将我们吸引到他人的作品中——即使我们并未参与创作过程，我们也会投入其中——从而更好地理解他们的作品和观点。美妙的艺术作品会邀请我们走进其中，帮助我们加入他人的艺术对话，并利用我们自己的经验和想法来丰富对话。计算思维可以融合数学之美，为孩子们提供愉快的跨学科体验。

为一首歌编程（水和勺子的旋律）

材料：透明的玻璃杯（或罐子），水，食用色素及与其颜色相对应的蜡笔，勺子，纸。

指导：在每个玻璃杯中倒入不同量的水。加入食用色素，让每个杯子里的水颜色各不相同。向孩子们展示如何用勺子轻轻敲击每个玻璃杯，从而发出不同的声音。让孩子们猜想，为什么不同的玻璃杯发出的声音不同。鼓励孩子们自愿按不同的顺序敲击玻璃杯来演奏一首歌曲。鼓励孩子们尝试重现熟悉的旋律（如《小星星》）或用这些声音创造出一些模式。待孩子们熟悉了把勺子和玻璃杯当作乐器后，就可以演示如何用代码来记录音乐，即按照玻璃杯演奏的顺序画出相应颜色的圆圈。请一个孩子为全班演奏，并示范记录他的歌曲，然后鼓励孩子们轮流按照颜色算法演奏记录好的歌曲，或者尝试自己创作一首歌曲。

记录用勺子轻敲玻璃杯的顺序，从而对歌曲进行编程

观察：孩子们在演奏他们的歌曲时看起来有多自如？在他们的音乐探索中，节奏和旋律是否有变化？他们是否明白在纸上用圆圈记录歌曲的目的？孩子们还想用什么别的方式来表征他们的乐谱呢？他们对如何使用这些材料有其他想法吗？他们能执行同伴的音乐代码吗？

延伸：在一个开放的区域提供空罐子、一盆水、食用色素和书写材料。鼓励孩子们改变每个罐子里水的高度，制作许多不同的罐子。当孩子们创作自己喜欢的歌曲时，他们可以记录乐谱，并把他们的作品添加到班级的自制音乐书中。邀请孩子们思考其他创作音乐的方法（如用回收材料制作乐器）。为孩子们提供时间来尝试演奏新的乐器，并以不同的方式记录代码。孩子们可以使用他们的新乐器为观众（家长、管理人员或其他班级）表演，或者使用各种技术记录他们的表演，并使用社交媒体在教室之外分享他们的学习成果。

掷骰子，画线条

材料：自制骰子两个，记号笔，纸。

指导：两块木质积木分别画上不同的设计元素制成骰子，其中一块积

掷骰子并按相应的颜色和线条在纸上作画，直到形成一幅美丽的艺术作品

木每一面都有不同颜色的名称，另一块每一面都有不同类型的线条。确保你提供的记号笔与积木上所示的每一种颜色匹配。演示如何同时掷两个骰子，并根据掷的结果，在纸上画出一条相应的线。例如，如果掷的结果是红色和锯齿线，那么你可以在纸上绘制一条红色锯齿线。继续掷骰子并绘图，直到纸上充满彩色的相互重叠的线条。

观察：孩子们能读懂这些颜色的单词，还是说需要改用颜色圆点？他们能在纸上复制相应类型的线条，还是说线条过于复杂？如果本活动过于简单，是否可以调整一下，再添加一个骰子？孩子们对他们可以创作的艺术作品类型还有什么建议？孩子们对于如何使用骰子还提出了哪些建议？

延伸：待孩子们理解了如何用骰子为一件艺术作品进行编程的概念后，就可以鼓励他们改变骰子上的元素（也许接下来可以尝试形状），或者添加一个点子骰子。孩子们可以投掷并记录他们看到的结果——如果投掷的结果是三角形、蓝色和数字 3，他们就要在纸上画出 3 个蓝色的三角形。鼓励他们掷多组骰子，合作用一张大的牛皮纸进行艺术创作。把这个活动安排在一个区域，让孩子们在闲暇时可以参观和创作。

孩子们喜欢制作药水和其他有趣的混合物。在我们的教室里，孩子们总是在探索着混合和搭配各种颜料。他们喜欢用画笔蘸上各种不同的颜色，看看在纸上混合和搅拌这些颜料时，会出现什么神奇的颜色。我发现，我能够利用这种天生的好奇心来让孩子们为彼此编程颜色，他们可以创造这些颜色并融入自己的艺术作品中。

调色算法

材料：各种颜色的颜料（红、黄、蓝、白、黑），杯子，滴管，汤匙，木棒，图表纸，记号笔。

指导：提醒孩子们，算法就像食谱，需要一步一步地遵循指导才能达到最终的结果。鼓励他们回顾自己对颜色混合的了解（比如原色混合形成间色，白色使颜色变浅，黑色使颜色变深），并利用这些知识编写颜色算法，展示到艺术区中。一开始，要为孩子们示范如何将两种颜色加在一起形成一种新的颜色。例如，如果将 5 汤匙蓝色颜料添加到 5 汤匙黄色颜料中并搅拌，结果将是鲜艳的绿色。然后告诉孩子们，在艺术区展示颜色算法能帮助所有人创造有趣的颜色。创造出新的颜色后，就把它们写在颜色列表中。邀请孩子们帮助你为刚才示范时创造的鲜绿色编写一个颜色算法。提醒他们尽可能多地记录细节。算法写完后，就可以使用新材料并按照步骤进行操作，看看它们是否写得足够清楚。孩子们可以在艺术区以小组形式继续创造新的颜色，并把相应的算法记录在颜色列表中。一起给每种新颜色起一个有创意和有趣的名字，以启发孩子们更深入地思考自己的体验，并成为自己所创造的颜色的主人。

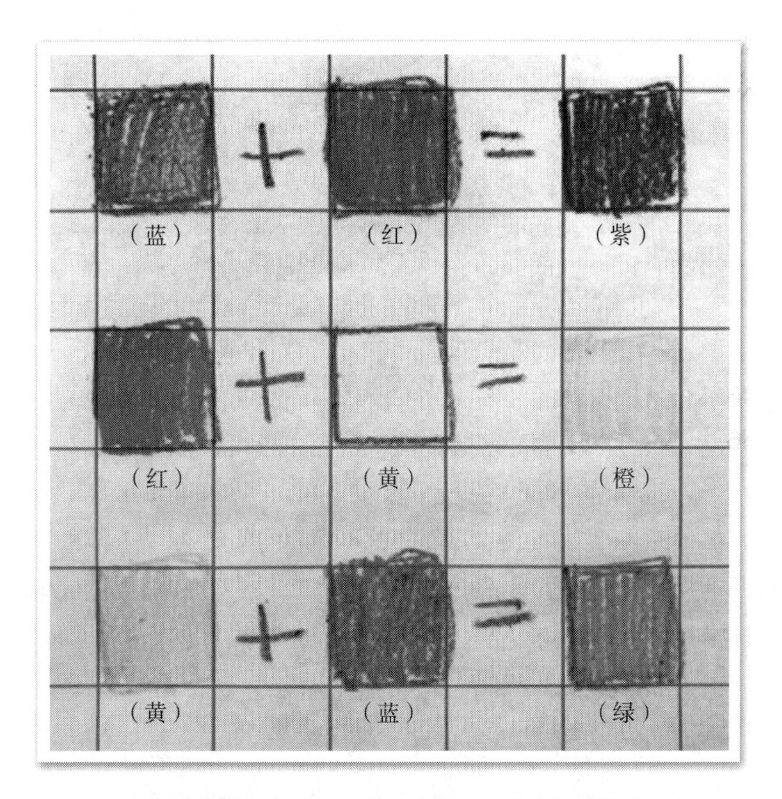

纸上呈现的是不同的颜色组合及其产生的新颜色

观察：孩子们是否具备关于颜色混合的背景知识？他们能运用自己对颜色的了解来创造新的颜色吗？孩子们能否清楚地口头表达自己创造新颜色的操作？孩子们在记录自己的操作时，是否清晰而简洁？这些记录容易理解吗？

延伸：将艺术材料放在艺术区的桌子上，鼓励孩子们在自选活动时间来参观，并创造和命名自己独特的颜色。随着时间的推移，他们可以不断扩充颜色列表。可以用食用色素染色的水重复这个活动，使用滴管将水运到透明容器中进行混合。请孩子以相同的方式编写算法，描述新的颜色。

孩子们可以用低结构材料来创作瞬时艺术，即注定只能短暂欣赏一段时间的艺术。瞬时艺术为小艺术家们提供了丰富的学习机会，他们不是为了观众而创作，而是为了享受创作过程的乐趣。创造出来后，这些作品不会被永久保存，而是在旁观者和路人的注视下短暂停留，随后就被拆解为其他东西。拍照可以帮助保存瞬时艺术，也让小艺术家们随后能对自己的作品进行反思。下面的模式积木活动就是如此。

模式积木对孩子来说是一种很好的数学操作材料，可以帮助他们在实物和视觉层面探索并操作模式。模式积木活动可以发展孩子丰富的空间思维和逻辑思维。模式积木拼花与编程有关，因为它们会让人联想到一些数字艺术作品，后者会将放大的像素块作为设计过程的一部分。

当孩子们被鼓励按不同的对称轴（水平、竖直、对角线）来创作时，他们必须考虑这些积木如何相互联系构成更大设计的局部。当孩子们对创作对称图案感到熟悉后，就可以鼓励他们创作使用旋转对称的设计。以圆周运动的方式一遍又一遍地重复同一部分的积木，这样的行为不仅蕴含了复杂的空间思维和问题解决，也会强化循环的概念，因为积木在以特定的方式不断重复。鼓励他们拆解自己的模式积木拼花作品，确定其模式的核心，并阐明设计中的编程规则，即循环多少次。模式的核心也可以被分离出来——单独给核心拍一张照片，鼓励孩子们把它作为创建整个拼花作品的视觉提示。

模式积木拼花

材料：大量的模式积木，打印的拼花照片（可以通过网络搜索）。

指导：鼓励孩子们探索使用各种模式积木，创造出尽可能多的设计。

他们可以独立探索或一起探索，创造出一个不可思议的大拼花！

通过排列模式积木，创造出一个复杂的拼花

观察：孩子们是否能够巧妙地将这些积木组合在一起？每块积木的放置背后是有想法的，还是随意为之？孩子能否把这些积木拼在一起，不留空隙？如果有空隙，是出于拼花的美观和设计考虑吗？孩子们能识别出他们模式的特征吗？他们能创造出精确的对称设计吗？他们是否可以探索更有挑战性的对称方式，包括对角线对称和旋转对称？孩子们是否能够清楚地表达他们拼花的核心？孩子们是否有兴趣为他们的作品拍照，并将其用作图片提示，供他人探索和重新创作？孩子们在自由探索的过程中，还能用这些积木做什么？

延伸：在自选活动时间，在一个大的操作台面上为孩子们提供一筐模式积木。鼓励他们保留未完成的拼花（而不是在活动结束时清理掉），供其他人探索并继续拼搭。给孩子们的作品拍照，并将它们添加到一本拼花画册中，持续记录他们的作品。与孩子们一起回顾过去的拼花作品，让他们观察并反思自己以前的作品与现在的作品相比如何。

像素化图片

材料：大张网格图纸，蜡笔或记号笔，像素化图片样例（很容易在网上搜索到）。

指导：位图是一种用于创建计算机图形的图像文件。计算机图形可以像素化。位图以非常大的尺寸显示时，就可以看到一个一个的像素，它们是一些单色的小方块，共同构成了整张位图。引导孩子讨论什么是位图和像素。向他们展示计算机或平板电脑的屏幕，以便他们观察一个真实的例子。一次展示一张像素化的图片样例，并让孩子们在集体讨论中分享他们对所看到的东西的看法。向孩子提问，让他们更深入地思考：这张图片应该是什么？你是怎么知道的？这张图片的主要形状和颜色是什么？这张图片让你想到了什么？向孩子们展示一张大的网格图纸。使用不同颜色的记

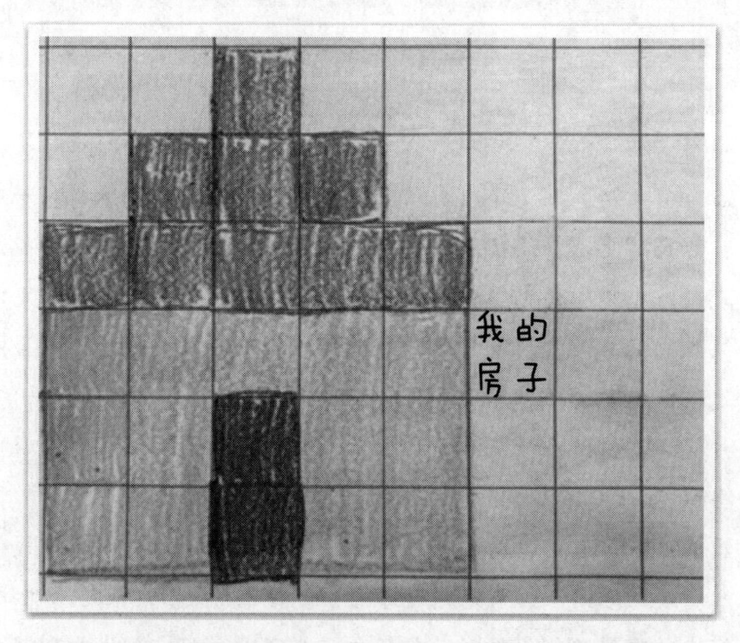

一个孩子用蜡笔在网格图纸上画出了自家房子的像素图

号笔或蜡笔，填充网格图上的方格，一次一格，直到外形或图像清晰可辨。请孩子们预测你在画什么。画画的时候进行出声思考，使孩子们能理解你创作像素化图片的过程。对于有些孩子，在创作自己的图片之前，可以先让他们把打印的像素化图片复制到网格图纸上；待他们熟练后，再给每人提供一张网格图纸，并鼓励他们尝试创作自己的像素化图片。

观察：孩子们能否对像素化之前的原始图像做出合理的预测？他们能否识别图片的各个方面，包括形状、模式或颜色？他们是否有兴趣尝试创建自己的像素化图片？他们知道自己想要在网格图纸上表征什么，还是随机在方格中涂色、进行实验？他们创作的图片能辨认出来吗？

延伸：孩子们可能喜欢结对或分组进行这项活动。讨论和识别像素化图片的经验，有助于支持孩子的探索。对于需要更多操作机会的孩子，可以考虑打印各种像素化照片，鼓励他们仔细观察细节，并与同伴讨论原始图像可能是什么。

如果艺术是一种交流的语言，那么帮助孩子们清楚地向他人表达自己的想法并鼓励他们积极倾听和理解他人分享的信息，就是创作过程中极其重要的方面。下面的活动将编程作为一种表达的语言，活动的成功有赖于孩子之间有效的口头交流。这些活动将艺术材料作为视觉表征，帮助孩子们将他们口头的编程想法转化为有形的二进制语言，让抽象的东西变得可操作。

学样画图游戏

材料：多张大的网格图纸（网格图上的方块数量取决于孩子，方块少时游戏更容易，方块多时则更具挑战性），记号笔。

指导：游戏前，为孩子们做示范。选择一个孩子和你一起玩。把他的那张网格图纸张贴在其他孩子可以看到的地方。把你自己的那张藏起来不让别人看到，也许可以放在膝盖上的写字板上。与对方确定一个起点，确保在两张纸上都标记了相同的位置。每次给对方一个指令，并鼓励他准确地执行你的指令。你的指令要告诉对方在网格图上移动到哪里，以及把相应的方格涂成什么颜色。例如，你可以这样说："从起点开始。向右 2 格，向下 3 格，向左 1 格。把那个方格涂成红色。然后向上 5 格，向左 7 格。把那个方格涂成绿色。"给出足够多的指令，让孩子给网格图上的多个方格涂色。当游戏结束时，展示你的网格图，贴在孩子的网格图旁边进行对比。游戏的目标是使两张网格图完全匹配，从而表明绘图的代码已成功输出和接收。如果存在差异，就请孩子查看错误发生的位置，并讨论如何对网格图进行调试才能实现匹配。

观察：孩子是否能够成功定位起点？孩子是否能够积极地倾听指令并成功地执行？如果这个活动太简单了，那么是否可以调整一下，增加网格图中方块的数量？孩子们还可以用什么材料来装饰网格图？

延伸：示范玩法后，为每个孩子提供一份网格图和记号笔。重复该活动，这次你站在地毯前面，引导全班进行游戏。确认每个孩子的起点都是正确的，然后通过一系列指令引导全班孩子创作一幅网格图艺术作品。完成后，展示你的网格图（代码母版），并询问孩子们他们的代码是否匹配。对出现的错误进行调试。将孩子们配对并鼓励他们一起在地毯上开展游戏，一个孩子负责编程，另一个负责绘图。将活动材料放在一个区域，供孩子们在自选活动时间使用。

ASCII 串珠代码

材料：ASCII 二进制代码表，大量小串珠（两种颜色），毛绒条，索引卡。

指导：向孩子们解释，ASCII（全称 American Standard Code for Information Interchange，美国信息交换标准代码）是计算机用来理解文本的代码（IBM Knowledge Center，2019）。每个**二进制代码**（binary code）都是由数字 0 和 1 按照不同顺序组合成的字符串。二进制代码中的每个字符称为比特。向孩子们展示二进制代码表，并突出显示其中几个不同的字母作为示例。孩子们可以看到，每个字母有两个代码，一个表示大写，另一个表示小写。邀请孩子们用 ASCII 码帮你写出一个特定的单词。在这个活动中，可以用一种颜色来表示数字0（比如蓝色），另一种颜色来表示数字1（比如白色）。为孩子们示范如何使用二进制代码拼写一个单词：先从代码表上找到相应的字母，然后用相应数量的珠子表示对应的数字序列。每个单词都需要很多珠子才能完成。例如，如果用二进制代码拼写迪安娜（Deanna），就需要48颗珠子。

邀请孩子们和你一起对一个单词进行编程。可以把每个字母及其对应的代码写在大的图表纸上以供参考。在自选活动时间里，邀请孩子们参观一张桌子，在那里他们可以把自己的名字（或其他简短的单词和短语，如"妈妈""爸爸"或"我爱你"）翻译成二进制代码，把相应顺序和数量的珠子穿在一根毛绒条上。如果珠子太多，可以把多根毛绒条接在一起，或者用一根更长的毛线把珠子穿起来。这些代码可以作为手镯或项链佩戴。

孩子用二进制代码拼写的单词cat。黑色的珠子用于分隔每个字母

观察：对一些孩子来说，二进制代码一开始可能是一个难以理解的概念，因为它是一种长而抽象的书面语言表征。孩子们是否对这种体验感兴趣并投入其中？他们的手指能操作这些小珠子吗？他们能在代码表上找到字母及其对应的代码吗？他们能否持续追踪长长的代码中使用的数字，并将这些数字转换成书面文字？当珠子被不断添加到毛绒条上时，他们是否能够持续追踪而不会弄乱？如果弄乱了，他们会有什么反应？在这次活动中，孩子们使用哪些策略来组织信息？当他们出现错误并需要自我纠正时，他们会怎么做？

延伸：如果孩子们对这个活动感兴趣，他们可以继续使用各种颜色的珠子来制作代码珠宝。在特殊的节日和活动中，这些手镯可以作为礼物送给家人和朋友。可以鼓励孩子们在索引卡上写下不同的单词（每张卡片一个单词），并创建一部二进制词典，以便在拼写熟悉的单词和短语时查阅。把它们添加到一本书中或用环穿起来，以方便取用。鼓励孩子们为每个大写和小写字母创造替代的符号，并用这些符号创建秘密代码供彼此破解。

泡沫空心棒二进制代码

材料：二进制代码表（打印并塑封）；两根不同颜色的泡沫空心棒，切成 5 厘米长的小段，侧面切开一条缝；一根绳子。

指导：这是一个很好的方法，可以把前面的活动放到户外进行，适合那些难以使用珠子等较小材料的孩子。与前面的活动类似，向孩子们解释 ASCII 码是计算机用来理解文本的代码。每个二进制代码都是由数字 0 和 1 按照不同顺序组合成的字符串。向孩子们展示二进制代码表，并突出显示其中几个不同的字母作为示例。孩子们可以看到，每个字母有两个代码，一个表示大写，另一个表示小写。邀请孩子们用泡沫空心棒帮你写出用

用不同颜色的泡沫空心棒表征二进制代码

ASCII 码表示的一个特定的单词。在这个活动中，可以用一种颜色来表示数字 0（比如绿色），另一种颜色来表示数字 1（比如橙色）。为孩子们示范如何使用二进制代码拼写一个单词：先从代码表上找到相应的字母，然后用空心棒表示这些字母对应的数字序列。每一段侧面的切缝使得它可以很方便地穿到绳子上。让孩子们尝试给不同的单词编程。请志愿者识别每个字母的代码，然后按照正确的顺序把相应的空心棒穿到绳子上。

观察：孩子们能在代码表上找到字母及其对应的代码吗？他们能成功地把空心棒穿在绳子上吗？他们能否持续追踪长长的代码中使用的数字，并将这些数字转换成书面文字？当空心棒被不断添加到绳子上时，他们是否能够持续追踪而不会弄乱？他们能坚持完成这项具有挑战性的任务吗？在这次活动中，孩子们使用哪些策略来组织信息？当他们出现错误并需要自我纠正时，他们会怎么做？

延伸：这个活动可以是一次理想的户外编程体验。把绳子绑在两棵树之间或篱笆上，在绳子旁边放上一大筐空心棒。把 ASCII 代码表也挂在附近。孩子们可以创建自己的代码，或尝试破译其他人留在绳子上的代码。

大动作创造性编程结合了大肌肉运动游戏，并利用了孩子运用整个身体进行探索的内在需求。在体育馆里、课间休息或户外活动时间开展体育游戏，是将计算思维融入活动的理想时机。伯斯提醒我们，以身体运动和游戏化为特征的编程活动通常能够激励不情愿的孩子参与编程体验，因为这些活动很有趣，而且通常围绕一个游戏性的有待解决的问题开展（Bers，2018）。以下的这些活动适用于非常大的空间，让孩子们可以自由奔跑和跳跃，没有拘束或恐惧。大型的编程网格图可以使用粉笔或美纹胶带轻松制作。一些学校甚至在操场表面直接绘制网格图，为孩子们提供一个即时且随时可用的空间，让他们参与有组织的活动，也可在自选活动时间自由探索。

为大网格图上的游戏者编程

材料：大编程网格图、白板、记号笔。

指导：此游戏适合两个人玩，但在自选活动时间提供此游戏之前，你可以先为孩子们做玩法示范。一个孩子是编程者，另一个孩子是游戏者。确定起点和终点。编程者发出口头指令并在白板上记录，以此来提示游戏者在网格图中移动（“向前 1 格，左转，向左 3 格”）。游戏者要准确执行编程者给出的指令。如果出现错误，双方要共同努力进行调试。游戏的目标是帮助游戏者到达终点。

观察：孩子们能互相发出清晰、有效的指令吗？他们能把编程序列准确地记录到白板上吗？孩子们能执行这些指令吗？他们还有什么其他想法来丰富这个活动，并将其转变成游戏呢？是否可以添加道具来丰富游戏体验？

延伸：向网格图中添加障碍，要求游戏者绕过这些障碍，以此来增加编程指令的复杂性。这个游戏也可以变成一场编程竞赛。孩子们可以两人一组，轮流做编程者，让游戏者在网格图上从起点走到终点。各组的游戏者不能同时出现在同一个方格上。看看哪组能最快到达终点，或使用的编程指令数量最少。

户外编程卡序列

材料：空白编程卡、记号笔、绳子、晾衣夹。

指导：将绳子绑在两棵树或两根柱子之间，并向孩子们提供空白的编程卡。鼓励他们思考自己喜欢的一种户外活动，并为他们的朋友编程，帮助他完成这种活动。例如，如果他们想为朋友在沙箱中搭建沙堡这个活动编程，他们就要画出需要执行的每个步骤，每张卡片画一个步骤。卡片画好后，把它们按顺序挂在靠近沙箱的一根绳子上。孩子们可以通过创建和执行算法，指导彼此完成复杂的户外活动。

编程指令可以很容易地在户外展示，方法是将卡片对折后挂在两棵树之间的绳子上

观察：孩子们乐于对哪些活动进行编程？他们在哪些活动上有困难，而编程卡可以帮助他们？他们对制作编程卡感兴趣吗？对于在游戏中使用编程卡，孩子们还有什么其他想法？

延伸：使用编程卡序列来探索和表征孩子们在自然界中观察到的其他周期性事件。例如，如果孩子们发现了一个鸟巢，他们就可以对一只鸟的生命周期进行编程，并将编程卡挂在鸟巢附近。如果这些编程卡需要长时间放在户外，可对其进行塑封以增强耐用性。把编程卡序列带进教室，用在不同学习区或常规活动中作为视觉辅助工具（比如正确洗手的过程，可以在水桌玩这个游戏）。

障碍赛道编程

材料：空白编程卡、记号笔、绳子、晾衣夹、户外游戏设备、大型低结构材料（树桩、圆木、球、木线轴）。

指导：鼓励孩子利用户外的景观和其他设施来规划一条长长的障碍赛道。在编程卡上按顺序绘制动作并将它们挂在绳子上，对动作进行排序，为参与者提供执行的框架（例如，在树桩上双脚跳，单脚跳过木头，或拍5下球）。孩子们可以按顺序喊出相应的动作，引导游戏者走完全程。孩子们掌握之后，鼓励他们向编程序列中添加更复杂的代码，以不同的方式挑战游戏者。

观察：院子里是否有足够多样的材料和设施，在孩子们创造障碍赛道的过程中提供挑战？孩子们是否能够将他们对体育活动的想法转化为代码？孩子们是否能够按合适的顺序排列卡片？他们能否按照正确的顺序执行相应的动作？孩子们还会怎样使用这些编程卡？

延伸：把编程卡带进体育馆，作为视觉辅助工具，供孩子们在不同的区域执行。孩子们可以创造自己的复杂序列，或者在他们自己设计的游戏中使用这些卡片。

跳房子编程

材料：多套可拼接泡沫垫、油性笔或人行道粉笔。

指导：指定两块垫子，分别作为起点和终点，并标明“起点”和“终点”。把剩下的垫子分成两组。其中一组画上大的方向箭头，另一组写上不同的身体动作提示（双脚跳、拍手、跺脚、旋转）。也可以把动作提示打印在纸上，贴在每个垫子上，方便随时更换动作。把垫子拼成一条多变的路径，为孩子们示范如何按照箭头的指令移动，并在每个动作提示上停下来，执行该指令要求的动作。还可以引入循环这样的控制结构，让路径更加复杂。在对活动的玩法进行示范后，更改垫子的顺序并邀请一名志愿者按照新的顺序来执行。把垫子放到一个大箱子里，在教室或体育馆的自选活动时间（或作为一个户外学习区域），提供给孩子们。

观察：孩子们是否了解这条路径的玩法？他们是否能够读懂垫子上的动作，并按要求完成所有动作？是否可以向他们提出挑战，通过复杂的控制结构来提升难度？

延伸：提供空白垫子，让孩子画出自己的动作提示。鼓励他们以不同的路径拼合这些垫子，为彼此设计不同的动作序列。孩子们可以用班里的

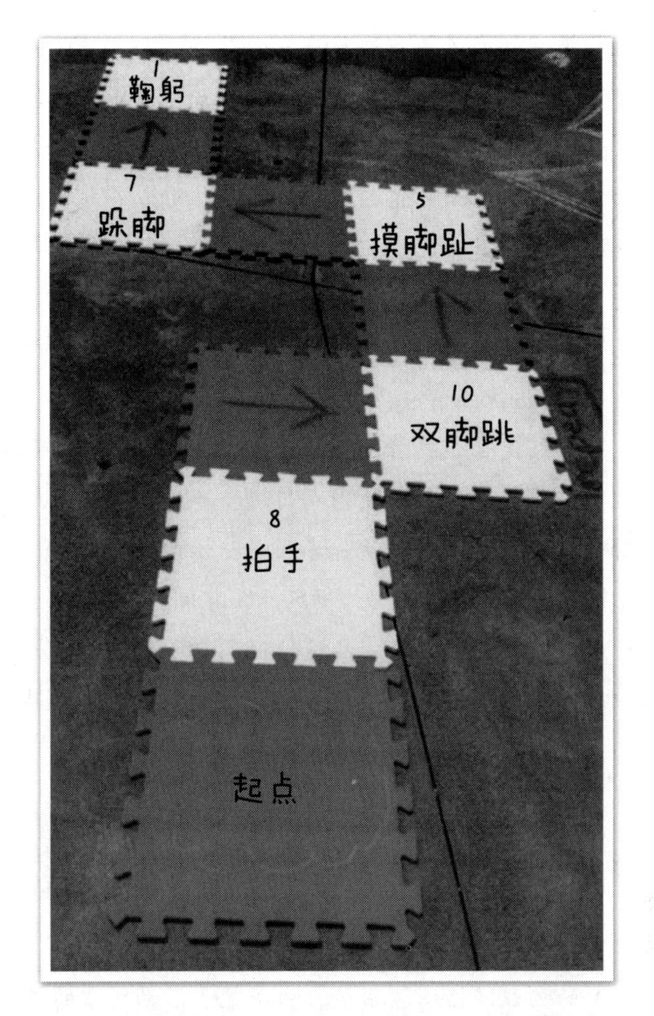

使用人行道粉笔在每个泡沫垫上添加指令。粉笔很容易洗掉，因此在后续活动中可以在垫子上写不同的指令

平板电脑记录朋友的执行过程。他们可以根据需要来延长或缩短路径，从而调节难度水平。

人行道上的编程

材料：纸，铅笔和记号笔等书写工具，宽的人行道，人行道粉笔。

指导：提醒孩子们，代码可以是表征动作或运动的符号。为他们示范如何在纸上提前规划户外人行道障碍赛的路径。和孩子们一起进行头脑风暴，列出障碍赛中他们想做的各种动作（比如单脚跳、旋转、双脚跳、快速旋转），并决定用什么符号来表征这些动作。你还可以绘制动作图例，作为视觉辅助。在纸上画好赛道的代码之后，就可以一起去户外，用粉笔把纸上的代码画到人行道上。画完后，向孩子们演示如何按照正确的顺序执行这个代码序列，完成整条赛道。孩子们可以轮流探索这条赛道。多次重复这个活动，可以让几个孩子同时玩，也可以让他们互相比赛，看谁能最快完成。

观察：孩子们是否能够将他们对身体动作的想法转化为纸上的符号？他们是否理解，纸上的代码是使用人行道粉笔绘制的大代码的一种表征？他们能正确地执行粉笔画出的动作序列吗？他们还希望把什么想法融入自己的动作序列中？他们还对使用代码玩什么游戏感兴趣？

延伸：鼓励孩子在纸上计划和设计他们自己的障碍赛道。提醒他们添加图例来辅助解释自己的编程序列。把孩子带到户外，帮助他们画出自己的障碍赛道，然后花时间逐个尝试。

部件收集比赛（寻找雪人）

材料：大的编程网格图、白板、白板笔、活动所需的低结构材料（如堆雪人需要的帽子、围巾、胡萝卜、纽扣、木棍等）、篮子。

指导：此游戏适合两个人玩，但在自选活动时间提供此游戏之前，你可以先为孩子们示范玩法。一个孩子是编程者，另一个孩子是游戏者。确定起点和终点。编程者发出口头指令并记录在白板上，以此来提示游戏者在网格图中移动（“向前 1 格，左转，向左 3 格”）。这样做是为了引导游戏者找到雪人的每个部件，收集起来放在篮子里，以便后续堆雪人时使用。游戏者要准确执行编程者给出的指令。如果出现错误，双方要共同努力进行调试问题。游戏的目标是帮助游戏者在收集完雪人的所有部件后到达终点。可以根据本班孩子目前感兴趣的探究内容，把雪人部件替换成其他道具。

观察： 孩子们能互相发出清晰、有效的指令吗？他们能把编程序列准确地记录到白板上吗？孩子们能执行这些指令吗？他们还有什么其他想法来丰富这个活动，并将其转变成游戏呢？孩子们能收集到所有的部件吗？

延伸： 向网格图中添加障碍，游戏者需要绕过这些障碍，以此来增加编程指令的复杂性。这个游戏也可以变成一场编程竞赛。孩子们可以两人一组，每组两人轮流编程，让游戏者在网格图上从起点走到终点。各组的游戏者不能同时出现在同一个方格上。最后，看看哪组收集到的雪人部件最多。

创造性的编程

创造性表达是一种激励和吸引孩子探索各种发展领域的方式。课程整合有助于教育者同时满足多个方面的课程要求。孩子们可以运用蕴含审美元素的不插电编程活动，以各种方式进行符号性的交流。

第7章

通过编程支持读写学习

母亲节那天充满了阳光、欢笑和孩子连续两天在家时那常有的混乱。我们在室内外漫步，享受自由的时光。然而，也是在这个周末，我7岁的儿子凯莱布第一次表达了对学习使用弹力织布机的兴趣，而它自去年12月起就一直放在他的衣橱里。周六清晨，我注意到他远远地看着他的姐姐卡当斯干活。最终他走到姐姐身边，观察她好几分钟。这个很难吗？他能借她的东西吗？她还有多余的橡皮筋给他吗？如果他被难住了，她会帮忙吗？他向姐姐提出一连串的问题。她一边按照在线教程做忍者神龟的设计，一边随着视频声音的逐渐增大而提高自己回答的音量。然后，在屏幕的一角，一个东西引起了他的注意。他被深深吸引了。它闪动着鲜艳的红色和黄色，是看起来最滑稽的橡皮筋热狗。随后，他收拾起织布机和平板电脑，开始在厨房的桌子上忙活。

大约过了一个小时，我听到他"啪"的一声放下了钩子。我走近他，想看看情况如何。

"太糟糕了！"他回答道，"视频中的女孩没有给出清楚的指令。我不知道该做什么。她根本没讲明白。"

过去，我花了很多时间把编程和数学联系起来，因为它为数感和几何能力的发展提供了丰富而综合的机会。但是读写能力呢？许多教育者一直设法在生成课程中融入并改进有意义的语言活动。要想成功完成一项任务，清晰、简洁、直接的指示至关重要。根据以下提示，反思你的读写课程并考虑孩子感兴趣和有需要的领域：

- 关于孩子的语言学习，你最关心的领域是什么？
- 你如何补充课堂活动，从而提供既能鼓励也能引导孩子的有意义的框架？

- 计算思维活动能帮助解决这个问题吗？
- 编程如何鼓励使用者成为更熟练的沟通者？
- 编程能支持孩子从口头语言过渡到阅读和写作吗？
- 编程可以加强孩子的读写课程，就像对数学那样吗？

我相信，在日常生活中使用复杂、综合的编程活动的年幼儿童，有机会以多种多样的、复杂的方式加强他们的读写技能。

根据伯斯的说法，编程是一种“新的读写能力”，可以帮助孩子们出声思考并表达自己的想法，从而被他人（即使是那些没有实际接触的人）理解（Bers，2018）。当一个孩子想要在远超其周围环境的范围内分享自己的想法时，他可以将编程作为一种语言用于书写。在瑞吉欧教育中，阅读和写作被认为是儿童的一百种语言中的一部分，可以用来探索、表达和交流他们对周围世界的理解（Wein，2008，2014；Wurm，2005）。这种交流可以是复杂和美妙的，就像给朋友的信或短篇小说可以表达情感一样。这样的书写作品能以一种可共享的格式（例如编程算法）供其他人阅读、修订和改写。我女儿 11 岁时，很喜欢访问 Scratch 网站，在那里她可以接触到来自世界各地的孩子创建的数百万个程序，并查看其中的每个代码。她觉得，来自世界各地的人都能够向她传递信息，而她还能够理解，这真是太神奇了。然后，她可以修改代码并分享给对方，这样两人就可以成为数字笔友了。编程允许编程者在他们传递给别人的特定信息中注入意图和情感。编程还能让孩子们具备 21 世纪的素养，为他们未来未知的生活做好准备。语言必须适应学习者的发展阶段和能力。因此，就本书而言，我所说的不插电编程中的表征，包括孩子用于满足其特定需求的口头语言和符号表征（如箭头或图画）。随着孩子们变得更加自信和有能力，他们可以在随后的课程和活动中继续探索更复杂的编程语言。

与阅读和写作一样，孩子在使用编程这种语言方面的理解和流畅水平各不相同，每个人都会使用不同的工具来进行个人表达，与更多受众交流。多年来，我观察到许多孩子在使用英语进行阅读和写作时害怕冒险，在以书面形式交流或尝试阅读他人的书写时害怕犯错误。他们觉得，如果要把自己的想法付诸永久性的书面表征，他们书写的语言就必须完美无缺。纸笔任务对年轻的学习者来说是令人生畏的！回顾瑞吉欧教育的信念，孩子是有能力和有创造性的人，如果给予他们所需的个人时间和支持，所有孩子都可以茁壮成长。同样，这些孩子也能在不插电的编程活动中茁壮成长。用编程这种语言进行交流似乎有所不同，这些孩子在探索和尝试用符号表征自己的想法时并不害怕冒险。他们敢于冒险，敢于尝试新事物，因为他们知道，自己出现的错误是可以轻松调试的“故障”。

随着时间的推移，我意识到编程除了让孩子们能自信地使用符号语言进行交流之外，还在整个课程中以多种方式促进语言的发展。在思考每种方式的过程中，我意识到不插电的编程活动可以提供多么丰富的读写机会，以及它可以如何补充课程的各个方面。编程可以从很多方面提高读写能力。

- **编程需要清晰而准确的语言**。计算机按照程序中列出的代码运行，没有解释的空间，因此程序员编写的算法必须非常清晰和详尽。当孩子们在课堂上将编程作为一种交流语言时，他们就要经常运用这种简洁、清晰的方式来向他人发出指令。随着时间的推移，他们在精心设计程序和在活动中给他人发出指令的过程中，会不断提高精确表达的能力。
- **编程可以强化文字意识**。在我们的教室里，我们鼓励孩子们用不同的方式进行编程。他们可以在地板上或插卡袋中排列我们班的编程卡，也可以用一系列预先确定的符号（如箭头或停止符号）编写他们的指令。书写或阅读这些指令时，要鼓励他们从上到下、从左到右，模仿我们用英语进行阅读和书写的方式。在活动中，我总是鼓励他们用食指依次指向每张卡片。这强化了我们在集体和小组读写活动中所关注的文字意识。
- **编程使用符号化的语言**。由于早期编程活动会用到图片，因此许多孩子可以通过对编程卡进行排序或绘制约定的符号，轻松地为彼此创建指令信息。每个班都可以在编程活动开始之前，确定本班的一组符号，以便每个人都能理解它们表示的是什么。随着时间的推移和经验的积累，孩子们会熟练地使用这些符号进行沟通。就像早期的做标记行为是建立积极读写行为的基础一样，编程可以帮助孩子轻松地与他人交流自己的想法。这表明，口头语言可以通过多种方式进行翻译和保存。即使孩子们还不能熟练地将字母和发音联系起来，他们也能阅读和书写符号化的编程指令。

- **编程能够增强孩子在读写方面的自信和流畅度**。通过编程，孩子们使用符号化语言进行交流的能力会不断提高。在我们的教室里，编程活动总是很受欢迎，甚至那些最不愿意参加传统读写活动的孩子也想参加。这些活动会增强他们的兴趣和信心，因为他们尝试得越多，表现就越好。
- **编程鼓励积极倾听**。无论算法设计得有多好，只有当孩子专心倾听并按照给定的指令执行时，它才能成功实施。编程活动需要专注和全身心的投入。这有助于孩子们学习成为专注和反应灵敏的倾听者。
- **编程是一种通用语言**。在我们班，孩子们通过社交媒体广泛地分享他们的日常经历。探究过程中一个非常重要的环节，就是超越教室的"围墙"来分享个人的理解。因为编程在世界各地都有使用（也是当下教育领域的热门话题），所以孩子们可以参与全球性的活动，与不同国家的孩子交流，即使英语在那里不是通用语言。"编程一小时"活动是一个巨大的动力，它提供了一个框架和时间线，让你可以在课堂上开展编程，并与其他志同道合的教育者建立联系。
- **编程鼓励排序**。在我们的教室里，孩子们经常把喜欢的故事作为编程游戏的基础（复述故事《姜饼人》中的事件，在故事的结尾帮助姜饼人逃脱狐狸的追捕）。对一个故事从头到尾进行有序编程，需要将各个事件组合在一起并按正确的顺序进行复述。这意味着孩子们要准确地排列故事情节的顺序，这样才能使故事有意义。他们需要考虑开始、中间和结尾的事件，并运用自己的编程指令复述这些内容，赋予游戏意义。这可以加强他们对文学作品的理解，并鼓励他们在按故事玩游戏的过程中用动手操作的方式展示他们的认识。
- **编程可以促进理解和创作**。编程要求使用者去想象场景、角色和情节。这可以促进孩子对故事的理解，特别是当他们喜欢的作品成为引发活动的灵感时。使用编程板创作自己的故事时，孩子们需要设置引人入胜的角色和情节，让活动变得有趣。
- **编程存在于日常生活中**。算法中的思考和交流可以扩展到编程活动之外。成人和孩子每天都有许多发出和接受指令的机会。当我们以编程者的身份思考时，我们会意识到，当我们的表达清晰、易懂时会更有效率。可以在编程之外的活动中提醒孩子们这一点。在我最近参加的一次专业发展活动上，教育专家布赖恩·阿斯皮诺尔（Brian Aspinall）强调，他鼓励孩子在日常活动——即使是那些与编程无关的活动——中“用算法相互交流”，以此来强调语言要清晰、直接。

- **编程是一种富有表现力的语言**。编程很大程度上像艺术一样，可以帮助孩子们清晰地表达他们的想法，并向他人展示他们的理解。瑞吉欧式的生成课程鼓励孩子们使用一百种语言，包括艺术、肢体表达和建构进行探索并分享他们的学习。编程可以成为孩子们在探究式课堂中用来交流的另一种语言，尤其是在他们能熟练运用后，可以经常地使用。例如，何不鼓励孩子通过编程来讲故事，向他人展示和分享他们的新认识，以此来展示他们的理解呢？

孩子作为交流者

孩子从出生开始，就在与周围的世界进行交流和互动。从婴儿时期的第一次啼哭和第一个手势，到学步儿时期使用单词和短语的能力不断增强，他们对周围的环境充满好奇，渴望与他们的照护者充分互动（Dietze & Kashin，2018）。建构主义视角下的课堂是社会性的，成功的学习是通过与成人、同伴的关系和知识建构来实现的。孩子们接触正向的语言示范，并在沉浸式、支持性和丰富的学习环境中发展和练习这些语言，其口语就会随着时间自然发展。游戏化的学习情境，如编程，可以在很多方面支持孩子口语和读写能力的发展（Bers，2018）。互动式的游戏和体验除了作为吸引孩子在现实生活中使用语言的情境，还可以帮助孩子运用符号表达他们行为背后的想法和意图。孩子在相关且有意义的情境中学习和使用新词汇，同时建立相关内容领域的图式。口语是一个系统，通过它，孩子们表达自己的情感、想法和知识，并与周围世界建立联系。这是未来听、说、读、写活动的基础，原因有如下几点：

- 在学习对话所用单词的发音和含义的过程中，口语发展了孩子们的单词量，扎实的词汇基础将带来更充分的阅读理解。
- 口语学习可以帮助孩子建立对单词和句子结构的理解。能够清楚地向他人口头表达自己想法的孩子，在以后的活动中也能够更好地进行书面表达。

- 口语习得能够增加孩子面向广大受众交流的信心，并为其听、读和写的持续发展建立内在动机。

不插电编程活动可以通过多种方式促进孩子的积极倾听和口头交流（Bers，2018）。在这些活动中，孩子们运用计算思维开展对话，出于特定目的运用口头语言和符号与他人分享自己的想法。每个孩子都有自己独特的想法和观点，可以丰富课堂上的集体对话。成年人可以示范合适的词句和指令，支持孩子在活动中不断增加熟悉度和复杂性。不插电编程支持孩子们与其他孩子互动，加强同伴学习。经验不足的孩子能从他人那里获得宝贵的编程语言和技能，辅导同伴编程的孩子也能在自己指导他人的过程中加强语言。孩子有很多机会将他们的口头指令转换为图画或符号的形式，以口头和书面的形式用编程讲故事，从而发现说和写的关系。

我相信，这本书中的任何活动都能通过使用清晰、简洁的指令和积极倾听来促进口语的发展；但是，我们的课堂上专门使用以下活动来促进孩子的口语发展，同时为他们提供有关编程过程的更多经验。在很多活动中，我也融入了其他领域的学习，使这些活动对孩子来说更加复杂和有意义。这些活动很容易调整并纳入其他课程领域和常规活动中。

程序员说，机器人做

材料：空白卡片、记号笔、胶带、画架。

指导：此活动遵循“西蒙说”这个常见儿童游戏的玩法，可以以集体或小组的形式进行。你也可以调整为两人结伴玩。游戏中一个人是程序员，其余的是机器人。程序员负责给机器人编程，向机器人发出动作指令，并在动作之前加上“机器人”这个词。例如，如果程序员想让机器人连续跳 5 次，就要说：“机器人，请跳 5 次。”机器人先听指令，然后执行动作。程序员可以增加动作序列，逐渐提升指令的复杂程度（“机器人，请跳 5 次，摸脚趾 2 次”“机器人，请跳 5 次，摸脚趾 2 次，旋转 1 次”)。机器人必须仔细听指令，并按顺序执行。你可以向孩子们征求关于游戏规则的建议，使游戏更加复杂。也许他们想要添加控件：如果程序员不使用“请”这个词，机器人就不会执行相应的指令（说“机器人，摸脚趾”时，机器人不动；说“机器人，请摸脚趾”时，机器人才动)。也许孩子们想要对行动中出错的机器人做出回应（程序员代替他们的位置，或者整个小组重复这些动作，直到按正确的顺序执行为止)。提供一个安全和支持性的空间是最重要的，对执行编程序列时的不当表现引入某些规则时要切记这一点。你最了解你的班级。

观察：孩子们能向彼此发出明确的指令吗？他们能执行简单的指令并正确地做动作吗？如果增加更复杂的序列，会发生什么？他们能记住并回忆起动作序列吗？对于改善游戏体验，孩子们有什么建议？孩子们何时能更有效地发出和接收指令，是集体活动还是小组活动？结伴游戏（一个程序员和一个机器人）会给他们更多成功的机会吗？

延伸：视觉提示会让许多孩子受益，能支持他们执行复杂的序列。鼓励程序员画动作图示或写出动作的单词，并把它们依次贴在画架上。如果孩子们在快速画画或书写方面有困难，可以考虑事先准备好孩子们执行动作所需的文字或图片，以便随时使用。在体育馆或户外活动时间玩这个游戏时，可以鼓励孩子进行更多的身体活动。

用排序卡编程

材料：购买或自制的排序图卡（例如如何刷牙、如何做三明治等）若干，插卡袋。

指导：让孩子们围坐成一个大圈（或围着一张大桌子坐下)，将图卡随机地散放在中间。鼓励孩子们一起按照逻辑顺序排列一系列图卡，创编一个完整的故事，展示和加强他们对某一经历的回忆。每个序列确定后，将相应的图卡按顺序放到插卡袋中展示。鼓励孩子使用“开始、中间、结尾”或“首先、其次、再次、最后”这些词来帮助描述动作的顺序。

这 3 张排序卡展示了刷牙的顺序

观察： 孩子们在看完一大堆图卡之后，是否能够理解并从中分辨出一项活动？确定了一项活动后，他们能找到属于这个序列的所有图卡吗？他们能从头到尾准确地排列图卡吗？他们在描述每个步骤的动作时，是否使用了恰当的词？他们能否自我纠正，或注意到他人序列中的错误并努力改正？

延伸： 邀请孩子们思考一日常规或有趣的活动，并通过在空白卡片上画画来创建他们自己的序列。创建一个序列后，将他们的图卡塑封并放在复述区，供其他孩子在自选活动时间探索。可以调节活动难度，鼓励孩子创建简单（3 张图卡）或复杂（4 张或更多的图卡）的序列。孩子们还可以在图卡上添加单词或句子，帮助描述每张图卡上的动作。

首先，其次，再次，最后

材料： 熟悉的故事，记号笔，故事框。

指导： 这项任务可以帮助孩子们将一个大故事分解成若干小的部分来复述。在给孩子们读过一本熟悉的书后，鼓励他们用“首先、其次、再次、最后”的提示来拆解它。这些提示与故事的顺序相匹配，有助于孩子考虑如何通过简单的复述呈现相关的动作（首先，王子被恶龙绑架了；其次，公主发现了恶龙的藏身之处；再次，她骗恶龙做了太多的锻炼，恶龙睡着了；最后，她救了王子，王子自由了）。当孩子们拆解这个故事并将它分成 4 个部分来讲述时，鼓励他们在每个故事框中画一幅图来表征他们所说的内容。画完后，孩子们就可以很方便地按图画顺序复述故事了。

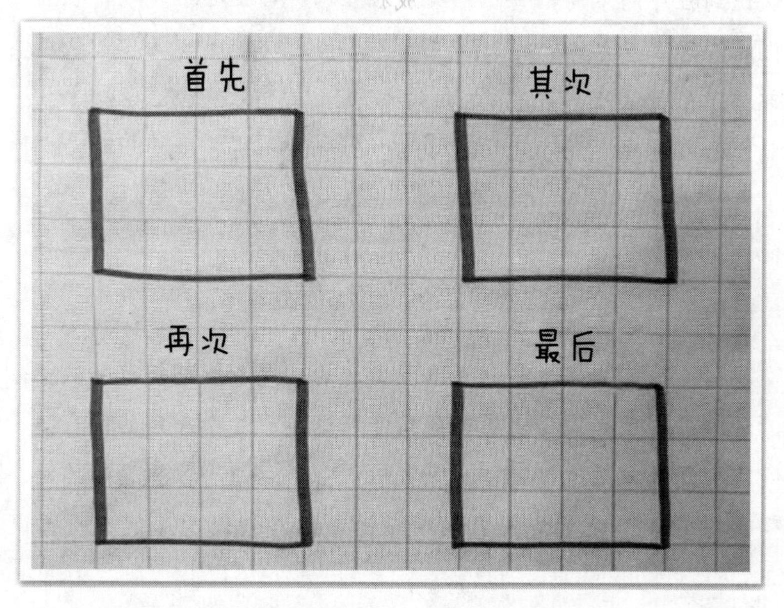

孩子们可以在模板中绘制图画，按顺序表现故事的 4 个部分

观察：孩子们是否能够分段复述故事，突出故事情节的主线？他们是否画出了故事开头、中间和结尾的重要事件？他们能否识别角色和场景，从而丰富自己的图画？他们关注了相关的细节，还是侧重于故事中不那么重要的元素？

延伸：为孩子们提供大张的空白故事框，供他们在书写区使用。鼓励他们复述熟悉的故事。做好准备的孩子也可以在每个框下面添加句子，描述发生的事情。除了故事之外，孩子们还可以用故事框来描述教室里的常规活动（如洗手）。将这些故事框塑封并挂在教室中合适的地方，作为视觉提示，支持孩子在该区域进行学习。

复述常规活动的算法

材料：记号笔、图表纸、照片。

指导：算法将故事组合在一起，模块化则是将故事拆分开来。当孩子们认识到程序的不同部分可以分成独立的任务来执行时，他们就理解了模块化的意思。基本上，模块化就是把一个较大的故事或事件分解成一些小的部分（例如，上学前的准备工作可以分解成若干小部分：醒来、起床、上厕所、洗手、刷牙等）。每个部分本身就是一个行为，但放在一起就形成了一个更大的任务或故事。鼓励孩子们思考课堂常规活动（如早上入学）或他们可能需要支持的任何其他活动。向孩子们提出挑战，让他们按照正确的顺序说出该常规活动的各个步骤（走进教室门，把背包放在地板上，脱下外套，把外套挂在衣柜里）。当孩子们描述事件的顺序时，把他们的想法按顺序记录在图表纸上。他们对序列中的所有步骤感到满意后，请志愿者从头到尾将这个算法表演出来。这可能意味着要转移到教室的另一个区域，具体取决于这个常规活动发生的场所。当这名志愿者执行每一步时，对照写好的算法并让孩子考虑他们是否按照正确的顺序涵盖了每个动作。如果忽略了某些步骤，就要将这些步骤添加到算法中。继续角色扮演和修订，直到孩子们确认他们已经对正在探索的常规活动进行了准确的复述。

观察：孩子们是否能够将常规活动拆分成段，并在连续执行时形成完整的序列？他们能清楚地表达每一步吗？他们是否能够准确地回忆起组成更大的事件或常规活动的每一个动作？孩子们是否能够执行这个算法，并识别出错误或被遗漏的重要部分？

延伸：调节活动难度，让孩子们根据自己的能力为简单的或复杂的任务编写代码。向孩子们提出挑战，请他们在故事框中画图来表征自己为其他常规活动编写的代码。考虑给孩子们做的动作拍照并将照片张贴在显眼的地方，以支持后续的活动（例如，可以创建一个冬季穿衣序列，提供按顺序穿上每件衣服的视觉提示，来支持孩子们穿上防雪服进行户外游戏）。

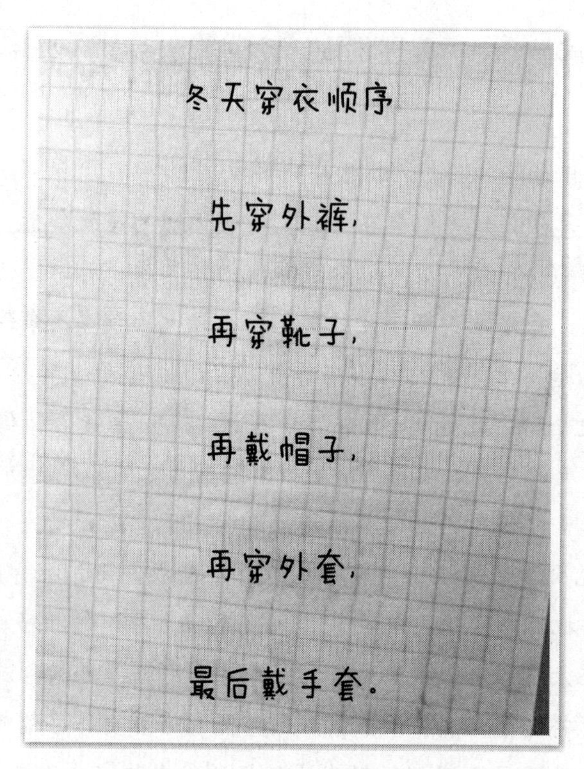

冬天户外游戏前如何穿衣的顺序，供孩子们执行

戏剧游戏场景中的方向箭头

材料：平整的石头，油性笔，讲故事的道具，沙桌。

指导：用油性笔在每一块石头上画一个大箭头，然后晾干。观察孩子们在沙桌上玩耍的过程，并留意是否正在形成具有清晰的开头、中间和结尾的故事情节。引导孩子们就他们正在玩的游戏进行对话，使情节的进展更加明确。等孩子们熟悉了故事内容后，将带有箭头的石头从起点到终点依次放置。例如，如果孩子们在沙桌上用玩具恐龙进行角色扮演，并创编了一只恐龙追逐另一只恐龙的故事（从桌子的一角开始，穿过沙滩，绕过大石头，穿过小路，来到树下），就可以将箭头依次指向相应的方向，以描述恐龙的动作或故事，并帮助孩子们看到他们游戏的路径。按顺序放好箭头后，孩子们就可以用玩具重现恐龙的脚步，或者创造新的故事情节供角色执行。

带箭头的石头，有助于显示恐龙穿过游戏场景的路径

观察：孩子们会在他们的想象游戏中，讲述一个有开头、中间和结尾的故事吗？他们对用带箭头的石头记录或复述故事感兴趣吗？箭头放好后，孩子们能用它们来复述自己的故事吗？孩子们是否有兴趣修改或创新他们的故事，并相应地移动箭头？

延伸：在感知区或建构区附近的筐里投放带箭头的石头。在孩子们角色扮演或用玩具和低结构材料等游戏道具复述故事时，鼓励他们使用这些带箭头的石头。

模式积木屏障游戏

材料：盒子或硬纸板屏障，桌垫，大量模式积木。

指导：此活动适合于以小组形式进行。和孩子们围坐在桌子旁，每人一个位置，坐在屏障后面，从而向别人隐藏自己的操作。给每个孩子一大份模式积木。由你扮演程序员的角色，每次给孩子们一个指令，让他们把积木放在桌垫的特定位置上（“把橙色的正方形放在中间”“把绿色的三角形放在上面，使尖朝上”等）。当你发出指令的时候，自己也要按指令把积木放在自己的垫子上。当你描述并拼完作品后，移开你的屏障，让孩子们也这样做。把你的模式积木作品与孩子们的进行比较，看看他们是否成功地执行了指令。清理桌垫，并指定一个新的程序员，重复这个活动。

在这个游戏中，一个木质屏障将两个游戏区域隔开

观察：孩子们知道模式积木的正确名称吗？他们能自如地执行指令，还是很容易受到挫折？程序员是否会调整他们发出指令的节奏，以便其他人轻松地理解和执行？孩子们是否按照指令成功地复制了范例？

延伸：这个活动也可以改成使用各种低结构材料（如贴绒片）来创建一个场景或讲述一个故事。你也可以去掉操作材料，让孩子们根据程序员的指令画画（“在纸的中间画一个橙色的圆圈。把里面涂上黄色。在它的右侧画一个长方形。”）。

塑料方块创作

材料：大量可拼插的塑料方块。

指导：鼓励孩子们在地毯上或围着桌子坐成一个大圈。给每个孩子 10 个方块。一个人扮演程序员，每次给孩子一个指令，让他们以特定的方式操作方块。例如，程序员可能会说："拿一个方块，在它上面放两个方块。在这堆方块的下面放另一个方块。"程序员发出指令时，自己也要在别人视线之外同步进行操作，并在活动结束时展示。一开始，给孩子的指令要非常简单，以确保他们能理解指令并获得成功。随着游戏次数的增多，可以发出更复杂的指令，引导他们完成更多独特的方块作品。程序员说完全部指令

一个孩子创作的塑料方块作品

后，展示自己制作的范例，以便孩子们进行对比，看看自己是否成功地执行了指令。孩子们熟悉之后，可以鼓励他们轮流扮演程序员，为同伴的方块创作进行编程。

观察：孩子们是否能够使用正确的术语来描述每个方块的位置？孩子们能否按照程序员的指令，将自己的方块放到正确的位置？他们能坚持完成这项活动吗？他们能保持专注且有成就感吗？对孩子们来说，两人一组或三人一组创作方块结构，是否更适合他们的发展水平或更容易？

延伸：如果创作方块结构对你班上的孩子来说太复杂，可以考虑调整活动，让他们按照特定的颜色顺序拼插方块（不一定构成模式）。程序员可以要求孩子们从某种颜色的方块开始进行拼插（“两个绿色方块并排放。绿色方块之间放一个蓝色方块。这排方块的右边放一个红色方块。”）。

游戏化的活动有助于孩子习得语言，为他们日后阅读和写作的成功打下基础。探索高质量的儿童读物除了能锻炼口语，也是孩子们接触阅读和写作的首选途径之一。成人的朗读有助于孩子在画面、文字和口语之间建立联系，并增进阅读理解和文字意识。讲故事是我们班的编程活动中一个重要的组成部分。它帮助孩子们与丰富的故事文本建立社会性与情感的联系，并为他们复述喜欢的作品或创作自己的作品提供了目标和动力。这也意味着每次新的探究中，孩子们使用的图书和资源都可以转化为编程活动，从而提供加深理解的机会。教育者可以重复使用相同的活动框架，只需根据正在探究的主题和图书略做调整。根据斯塔德勒和沃德（Stadler & Ward）的研究，孩子在探索和发展叙事能力时会经历五个层次（2005）：

1. **命名**（label）人和物品（如故事中的一个角色）；
2. **罗列**（list）具体的标准（如一个角色的特点或行为）；
3. 将一个角色与核心的问题或主题相**联系**（connect）（这个角色如何与整个故事联系起来）；
4. 对事件进行**排序**（sequence）（描述这个角色行为之间的因果关系）；
5. **叙述**（narrate）一个故事（总结他们掌握的关于人物和行为的信息，形成一个有开头、中间和结尾的故事）。

孩子们爱讲故事，会一遍又一遍地重温他们喜欢的故事。随着一次次新的复述，他们会使用越来越复杂的词汇，讲得越来越流畅和清晰，还会结合丰富的手势和语调以吸引听众。现实和幻想的混合会激发我们的想象力，引发教室中丰富的戏剧表演。在讲述每个故事的过程中，孩子们会在脑海中勾勒出画面，并在内心演绎故事，想象细微的人物变化、复杂的场景细节和丰富的情感。孩子们会将故事文本与自己的生活及周围的世界联系起来，利用前期经验来建构知识，并应用于自己的现实生活。孩子们如何建立这种能够支持未来工作的多层次的背景知识呢？

孩子们经常把讲故事融入不插电的编程活动中。无论他们是在对自己喜爱且熟悉的书进行复述或改编，还是自己创编包含人物、场景和情节的故事，他们都在运用自己对引人入胜的图书的了解来吸引观众并使他们沉浸其中。当孩子们阅读并执行编程指令时，他们会运用自己的文字意识（如文字的顺序是从左到右、从上到下）来解码相关的信息。他们会阅读别人的信息，以便完成一项任务。他们的信息可以写下来并在教室之外进行分享，从而将自己的想法传播到自己所在的学习共同体之外。在整个编程过程中，孩子们都在基于自己之前的阅读经验来建立联系、参与对话并计划未来的活动。我曾经用下面的这些活动来鼓励孩子们复述熟悉的故事并创编自己的故事。

生命周期序列编程

材料：购买或自制的生命周期排序图卡若干，绳子，晾衣夹。

指导：让孩子们围坐成一个大圈或围坐在一张大桌子旁，将卡片随机地散放在中间。鼓励孩子们一起操作，按照逻辑顺序排列一系列图卡，从头到尾完整复述一个生命周期，以展示和加强他们的理解（如卵、毛毛虫、蛹、蝴蝶，或婴儿、学步儿、青少年、中年人、老人）。确定一个序列后，就将相应的图卡按顺序排列并夹到绳子上展示。

观察：孩子们能识别每张图卡上发生的事情吗？他们能否从大量图卡中识别并说出一个生命周期？他们能找出该生命周期中所有的图卡，并将它们按正确的顺序排列吗？孩子们能解释该生命周期中的每一张图卡，并复述图中发生的事情吗？

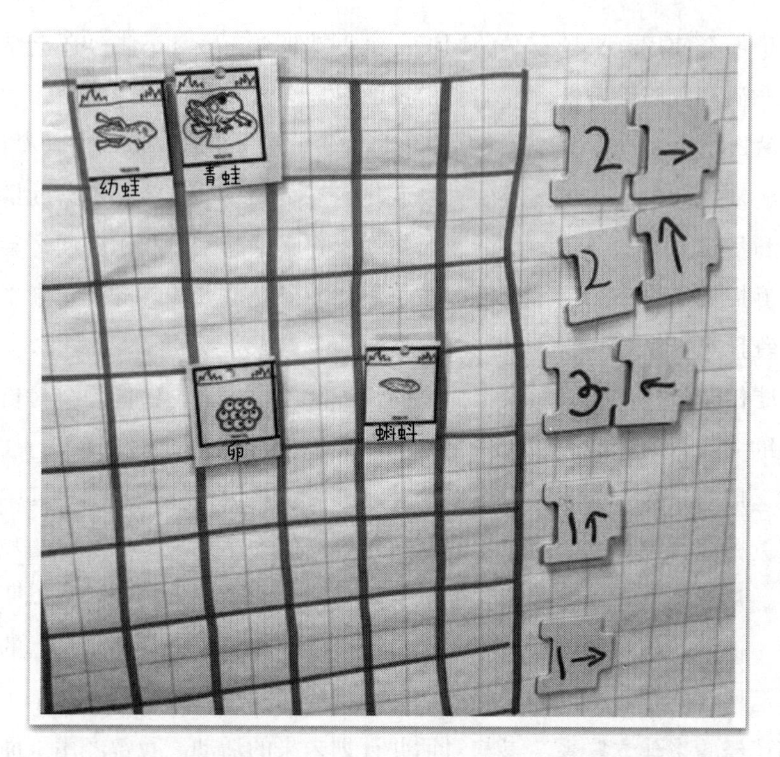

由指令构成的编程路径，显示了青蛙生命周期中历经的每个阶段

延伸：鼓励孩子写出句子，进一步解释该生命周期，或在空白卡片上画一个生命周期。将这些卡片塑封并用于自选活动时间，也可以让他们将自己关于生命周期的想法画到之前活动中提到的故事框中。

用网格图复述故事

材料：大的编程网格图，箭头编程卡，图表纸，书写工具，用于描绘故事中的人物和场景的道具和低结构材料。

指导：和孩子们一起阅读喜欢的图书之后，鼓励他们帮助你在图表纸上完成故事网络图，展示文本中的细节（如角色的名字、场景和情节）。确保孩子们对故事有充分的理解。请他们围着地毯或大桌子坐成一个大圈。在中间展示编程网格图，并邀请他们帮助你在网格图上使用低结构材料和其他材料创设故事中的场景（用绿纸表示草，用蓝纸表示水，用积木搭建房子等）。孩子们对场景感到满意后，就可以创设故事中的主人公，可以找一个与它相似的玩具，或者用低结构材料制作一个（如手绘或打印主人公的图画，贴在积木上）。让孩子们在网格图上分别确定故事的开始、中间和结尾在哪个位置。提醒他们留意故事中的反派（比如躲在树林里的狐狸），并将它们放在网格图中相应的位置。将主人公放在网格图上开始的位置（起点），并鼓励孩子们提供它在场景中如何移动的编程序列。随着主人公的移动，提醒孩子们回忆故事中的各个事件，并按照正确的顺序对其动作进行编程，以便准确地复述故事。帮助主人公走到故事的结尾（网格图上的终点），完成复述。

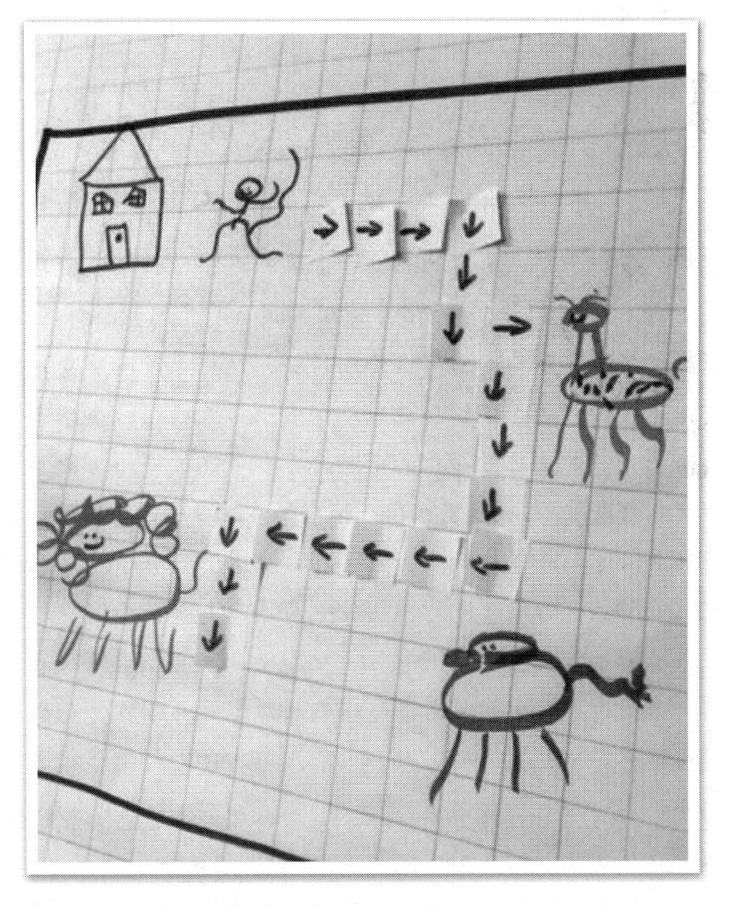

在复述时，故事的各个角色被画在网格图纸上，并以箭头编程卡来表示它们在故事中出现的顺序

观察：孩子们是否能够按照逻辑顺序复述故事，并包含所有相关的细节？他们能否使用开始、中间和结尾来清楚地进行复述？孩子们能在网格图上为故事创建准确的场景吗？他们能否很好地回忆故事情节，并在网格图上准确地移动角色？他们能叙述故事中的所有情节吗？他们看起来是否投入、自如？他们是否有兴趣以某种方式改变故事情节，从而帮助角色或改编故事？

延伸：鼓励孩子们在复述时创编不同版本的故事。他们可以根据新版本的故事，改变或操作网格图和道具。孩子们可以把自己的编程指令写在纸上，供其他人执行。把所有的材料和故事书放在一个区域，让孩子们在自选活动时间继续探索。

利用石头编程复述喜爱的故事

材料：各种平整、光滑的石头，丙烯颜料，颜料刷，密封胶（如魔宝胶[①]），图表纸，记号笔，感知桌，教室中的各种低结构材料。

指导：在一些平整的石头上绘制箭头，颜料干了以后密封。把这些石头放在一边。鼓励孩子们回顾他们在课堂上探索过的一个熟悉且喜爱的故事。与孩子们一起列出故事中的各种元素，创建故事网络图（如角色、场景、情节和结局）。在教室里选择一张感知桌，帮助孩子们设计和筹划如何把桌子变成故事的场景。例如，有一年，我班上的孩子对莫里斯·桑达克（Maurice Sendak）的《野兽国》（*Where The Wild Things Are*）非常着迷。我们让一条纸做的河从桌子中间穿过，把桌子分成两半。河的一边是小男孩的卧室，另一边是野兽的领地。孩子们用教室里的各种材料创设了整个场景，对于玩具箱里找不到的东西，他们在艺术区进行了制作。他们还创作了故事中的各个角色，方法是绘制每个角色的图片并贴在小的木质积木上，以便在场景中进行操作。

等孩子们成功地创造故事中的场景和角色后，就可以鼓励他们拿着角

① 魔宝胶（Mod Podge）：一种密封胶，涂在材料表面，干燥后会形成一层透明的反光膜。多用于手工制作。——译者注

色从头到尾复述文本。例如，《野兽国》中的小男孩是在他的卧室里开始这个故事的。然后，他漂洋过海来到一个新的大陆，直到书的结尾才回家。孩子们可以在感知桌上放置带箭头的石头，以此来规划故事序列，引导角色的行动。他们还可以改编故事、重写故事的结尾，并重新记录场景中石头的序列。

观察：所选的这个故事孩子们喜欢吗，是否具有长期的游戏价值？孩子们是否能够提供故事中的细节，创建丰富的故事网络图？孩子们能否充分地复述故事，并在讨论中建立丰富的联系？他们是否能够在教室中设计和建造故事的场景？他们是否足够理解故事的顺序，能在口头复述时用充足的细节引导其他人完整理解故事？他们能否在故事场景中按正确的顺序放置石头？孩子们是否有兴趣改编故事，如改变情节或创造一个新的结局？

延伸：考虑鼓励孩子们在一个新的故事场景中编写自己的路径代码，或者把游戏道具带到户外以获得不同的体验。孩子们也可以自己写故事，然后用教室里的感知桌复述。他们也可能想用这些石头即兴创作故事，并将它们融入教室里不同区域的自主游戏中（比如把石头放到沙桌上，用它们来指导玩具恐龙的行动）。如果在感知桌上创设故事场景太复杂，可以考虑使用一个编程板并在板上直接添加道具表示故事场景。

故事地图

材料：纸，记号笔，迷你纸箭头。

指导：鼓励孩子们画一张故事地图，可以是他们读过且喜欢的故事，也可以是自己创作的故事。让他们一边讲述故事，一边按照事件发生的顺序用手指着地图中相应的部分。在第一次复述后，向孩子们解释，你将帮助他们用箭头编程的方法来展示这些事件的顺序。当孩子们再次复述故事时，你沿着路径放置纸箭头，以表现角色正在经历的事件。第一个箭头应该放在故事的开始，最后一个箭头应该放在故事的结尾。最后，在活动结束时，如果孩子们愿望强烈，他们可以将这些箭头粘在地图上。

一个孩子把箭头直接放在他的画上，表示事件的顺序

观察：孩子们绘制的地图是否详细？孩子能否以清晰的开始、中间和结尾来讲述地图中发生的事情？他们能按顺序清楚地介绍事件的序列吗？他们是否发现这些箭头有助于讲述角色身上发生的事情？

延伸：一起阅读细节丰富的图书后，鼓励孩子们画出更大、更复杂的故事地图。可以使用大的美工纸或牛皮纸。这些故事应该有很大的场景和很长的情节。故事地图画完后，就可以鼓励孩子们一起从头到尾复述故事，并在故事地图上放置纸箭头，勾勒出角色的整个运动路径。考虑到故事复杂和细致的程度，可能需要许多箭头。孩子们对他们创建的序列感到满意后，就可以把箭头粘上去，然后把故事地图和故事书并排展示。故事地图也可以用在一起阅读图书后的理解或反思环节。

连接编程和绘画

在编程课堂上，孩子们沉浸在读写资源丰富的环境中，他们探索各种交流方式，并将读和写视为支持他们编程的工具（Bers，2018）。教育者展示各种形式的印刷品，包括符号表征，鼓励孩子冒险并尝试不同的书写方式。通过这种体验，他们认识到书面符号可以超越教室的范围传递他们的想法。接下来，孩子们可以通过各种不插电编程活动来探索和完善这样的书写。

个人蓝图日志

材料：个人笔记本（最好有硬封皮），书写工具（包括记号笔和蜡笔）。

指导：将笔记本放在一个筐里，放在与孩子日常探索相关的、便于取用的地方，比如建构区或艺术区附近。孩子们可以使用个人蓝图日志来记录他们对建构和编程活动的想法，包括自己的设计图和对未来活动的计划，并保存已完成项目的蓝图日志。作家会积累灵感日志，为未来的作品草草记下自己的意象和想法；与之相似，孩子们可以将他们的蓝图日志作为设计过程的一部分，在一整年里都可以用它来持续收集和整理自己的想法。

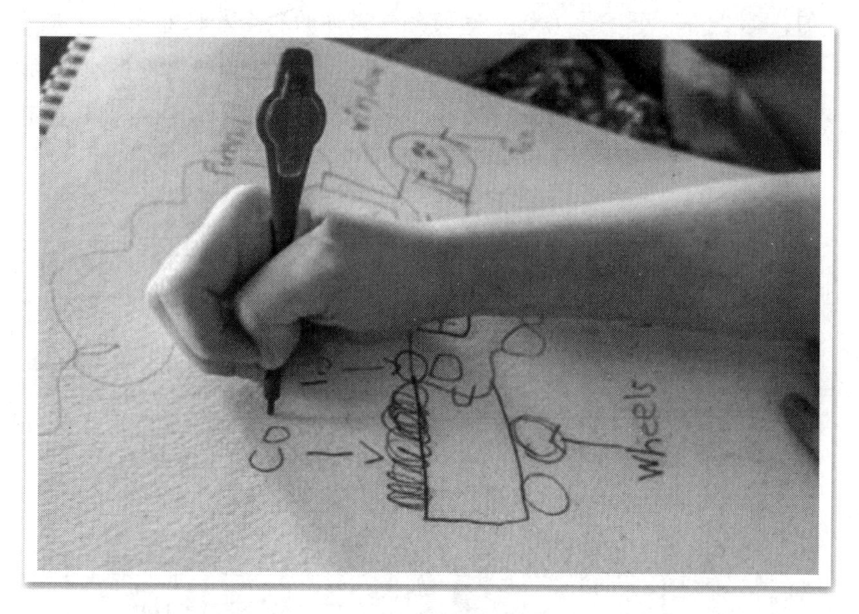

一个孩子在她的蓝图日志中画下了她正在设计的火车

观察：孩子们对记录自己的想法感兴趣吗？他们对自己的探索有主人翁意识和自豪感吗？他们能清晰地表达日志中记录的想法吗？孩子们是否

能自由而轻松地与他人分享自己的想法？他们是否能够执行自己的计划，在建构和编程活动中付诸行动？孩子们在设计过程中会采纳别人的改进建议，还是基于之前的想法来加强和完善自己的设计？

延伸：在巩固或反思的集体活动中分享蓝图日志，孩子们自愿互相展示他们的日志并回答问题，同时寻求建设性的反馈。仔细留心他们分享的内容，然后收集必要的工具和材料来帮助孩子们执行自己的计划，让他们看到自己的想法变成了行动。请孩子将日志带回家供家人阅读，也可以将它们交接给未来的教师，便于他们继续开展工作。

给字母编程

材料：大号的大写和小写字母（事先裁好），白板，白板笔。

指导：把孩子们聚集在地毯上。给每个孩子一块白板和一支笔。告诉他们，你会给一个字母编程，他们要根据你的指令序列在白板上把它画出来。为了帮助你将需要描述的内容形象化，从而为孩子们提供准确的指令，你可以手拿一张画有这个字母的纸但不让孩子们看到。这个游戏的目的是

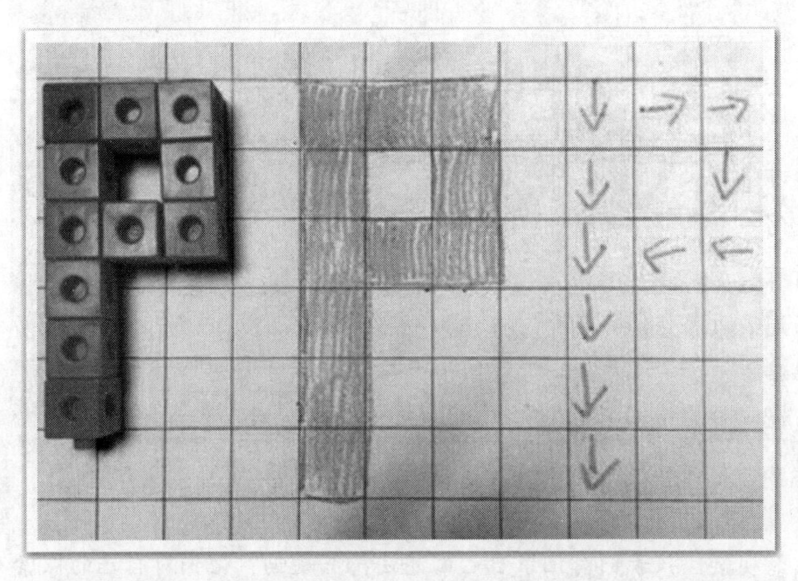

一个孩子用塑料方块拼出了字母 P，然后用给网格涂色的方式在纸上画出了自己的作品，并画出了一条箭头路径，以便其他人绘制字母时执行

看孩子们是否能按听到的指令绘画并准确识别字母（“在白板上画两条平行线，在中间画一条短线把它们连起来”）。这是一项复杂的活动，需要你发出明确的指令，这样孩子们才能成功地完成。待你说完字母的编程序列，孩子们画完并做了猜测后，就可以展示你手拿的那张纸上的字母，然后重复一遍编程指令，这次由你按指令依次在字母上画线。通过这种方式，孩子们可以看到你按照自己的代码写字母的过程，还可以通过眼睛跟踪笔画将指令序列视觉化。随后，可以请孩子们自己用手指描出这个字母。

观察：孩子们是否能够执行你的指令，在白板上绘画？他们是否会在自己的学习中冒险，即便在拿不准的情况下依然尝试写出这个字母？他们在活动中表现得自如和自信吗？孩子们能准确地按照步骤写出一个字母吗？他们能正确说出自己写的那个字母的名字吗？

延伸：在一个区域提供这个活动，供孩子们继续探索。如果孩子们在给字母编程时表现得很自如，那就向他们介绍这个游戏的高级版本，请他们将一些字母按顺序编程，从而拼出一个简短的单词。

字母表（或数字）序列

材料：大的图表纸，记号笔。

指导：提前准备这个活动。画一个大网格图（如 10×10 的网格图，每个方格边长约 2.5 厘米）。确定网格图上的起点，并在该方格中画一个符号或写一个单词（如绿点或单词 go）来标明这个位置。在网格图中随机写下所有字母，字母之间留有空格。完成上述准备后，请孩子们围坐在网格图纸周围，并帮助你对字母序列进行编程。要求从起点开始，沿着网格水平和竖直移动，直至到达字母 A。记录从起点到达 A 的编程指令。接下来寻找字母 B，记录从 A 到 B 的编程指令。然后到 C，以此类推，直至完成整个字母表序列。

观察：孩子们能按顺序找到每个字母，并写出相应的编程指令吗？他们能逆向操作，按照事先写好的指令依次找到每个字母吗？他们是否建议在编程网格图上探索其他序列？

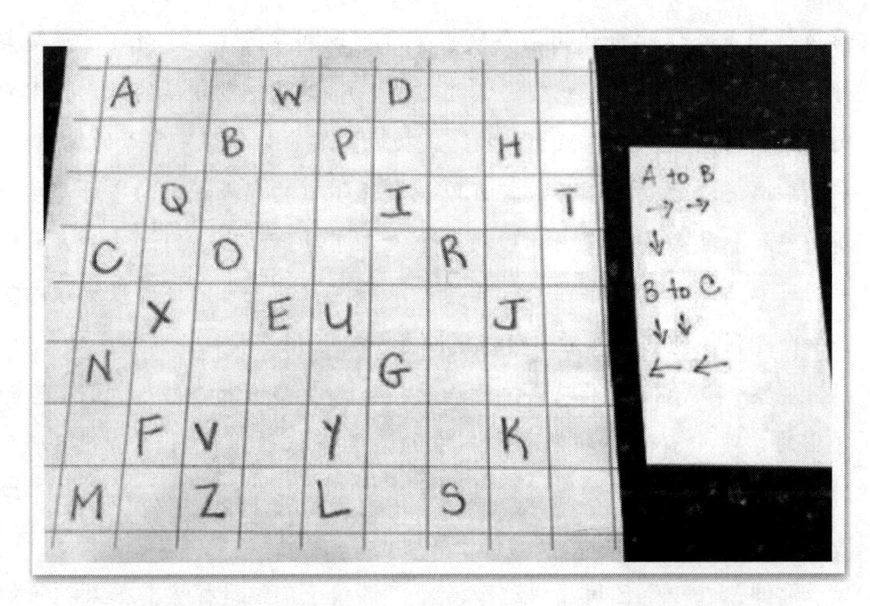

将字母随机地写在网格图上的方格里，对字母表的顺序进行编程，
供使用者执行

延伸：可以根据需要修改这个活动，以适应其他的序列（比如数字 1 到 10，或者孩子的名字）。为孩子们提供网格图纸和书写工具，鼓励他们创建自己的数字和字母序列。

破解密码

材料：大的图表纸，记号笔。

指导：提前准备这个活动。画一个大网格图（如 10×10 的网格图，每个方格边长约 2.5 厘米）。创建一条秘密信息，并在网格图下方（或你提出的问题后面）画横线来提示答案中的字母数量。确定网格图上的起点，并在该方格中画一个符号或写一个单词（如绿点或单词 go）来标明这个位置。在用字母随机填充网格图时，要确保秘密信息中的字母都已包含在内，字母之间留有空格。这与字谜游戏非常相似。用其他字母随机填充网格图的其余部分。从起点开始，对从一个字母到另一个字母的移动过程编写指令，分步揭示密码。做好上述准备后，邀请孩子们聚集在这张网格图纸周围，并按照顺序执行编程指令。每当找到一个字母后，孩子们可以给这一格涂色，以突出显示该字母；也可以将其记录在网格图下方代表秘密信息的横线上。随着每个字母的出现，孩子们就可以阅读、拼写并破解秘密信息了。

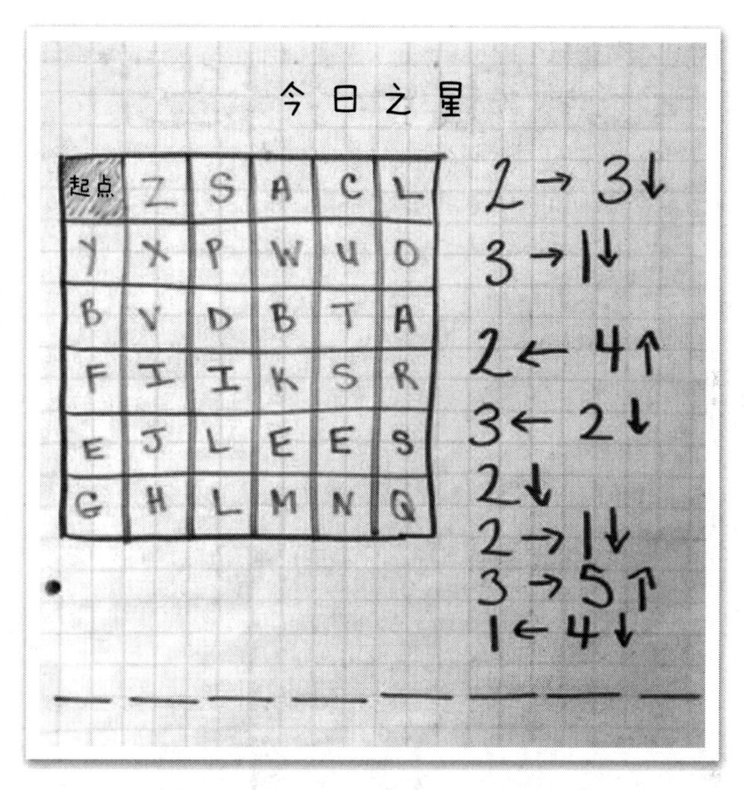

孩子们执行编程指令，从而揭示班上同伴的名字

观察：孩子们是否能够执行编程指令？他们能识别并抄写找到的字母吗？他们能把字母拼成单词并破解密码吗？他们是否有兴趣自己编写密码？

延伸：在书写区提供网格图纸，供孩子们使用。鼓励他们创建自己的秘密信息，供朋友破解。继续在你和孩子们的活动中运用秘密信息，通过扩大网格图和加大单词长度来增加游戏的复杂性。

用布尔逻辑猜猜是谁！

材料：白板、白板笔。

指导：布尔逻辑（Boolean logic）是指计算机编程中对二进制数值的操作，其中1表示“真”的概念，0表示“假”的概念。它是软件运行的基础，但对孩子们来说，它可能是一个抽象的概念，难以理解。在这个活动中，你可以用数字1和0来代表孩子们对某些陈述的判断，并让他们猜猜神秘人是谁，借此帮助他们了解布尔逻辑的基本知识。

让孩子们在地毯上集合，开展集体活动。首先给每个孩子一块白板和一支白板笔。向他们解释，你陈述的事情如果符合自己的情况，就在白板上写一个1；如果不符合，就写一个0。花时间引导孩子们对一些陈述做

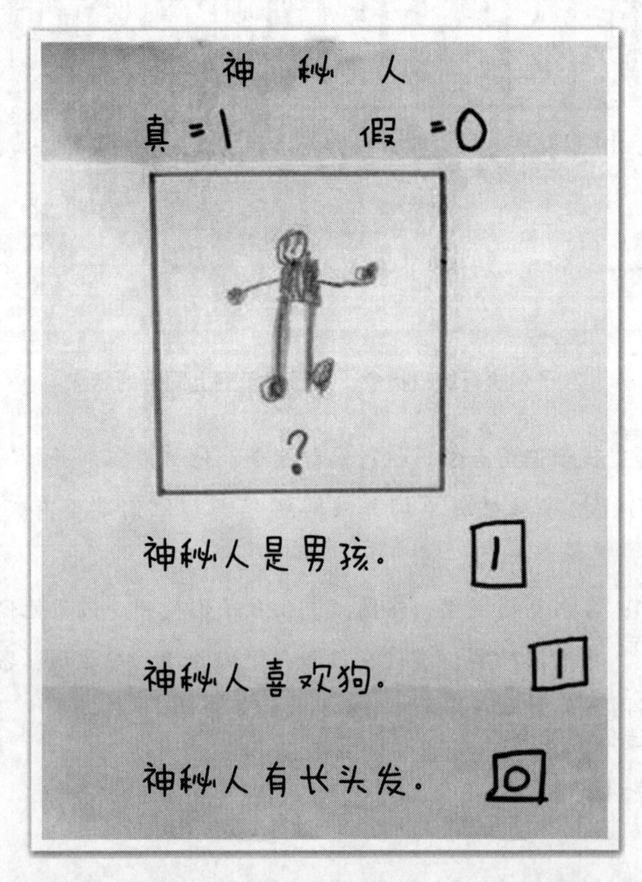

孩子们通过仔细考查各种线索和人物图画，尝试猜测神秘人是谁

出判断，帮助他们熟悉使用数字 1 表示陈述为“真”，用数字 0 表示陈述为“假”。提醒他们，要按照这种方式相应地做出回答。你的陈述可以包括“我戴眼镜”“我是一个女孩”或“我爱打篮球”。孩子们对用布尔逻辑回答问题感到熟悉后，就可以请他们交回白板。

在接下来的游戏中，要请他们问你问题。告诉他们，你心里在想教室里的一个神秘人。你可以把那个人的名字写在一张纸上，游戏结束时才揭晓。孩子们轮流问你有关神秘人的问题，包括外貌的细节、性格和行为（“神秘人是女孩吗？”“神秘人喜欢狗吗？”）。在白板上写 1 或 0 来回应孩子们的陈述，表明你对这些问题的回答。孩子们猜完后，就可以说出来。如果猜对了，展示你想的那个人的名字进行证实；如果猜错了，他们可以继续提问，直到形成新的猜想。

观察：孩子们是否理解“真”和“假”的概念？如果不理解，可否修改这个活动，用“是”和“否”来替代？孩子们能独立回答简单的问题并写出相应的数字吗？当他们猜测神秘人是谁的时候，他们是否能生成自己的陈述，并以口头或书面的形式分享？他们能否对神秘人是谁做出有根据的猜测？

延伸：在一个区域组织这个活动，供孩子们在自选活动时间探索，也可以将其作为小组活动。可以用一个神秘的物体代替神秘人，放在盒子或袋子里，让孩子们猜它是什么。许多班级还会进行展示讲述活动，请孩子们向同伴展示从家里带来的物品。可以将布尔逻辑融入这些活动，这是调节活动难度并促进计算思维发展的好方法。

塑料积木的 ASCII 代码

材料：大量的塑料积木（如乐高积木），一块大的底板（可以插拔塑料积木），迷你字母卡，纸，书写工具。

指导：在向孩子们介绍这个活动之前，先在底板上创建字母图例，用不同的塑料积木表示字母表中的每个字母。你也可以创建一个简单的秘密信息，供孩子们破解（例如，下图里的秘密信息是“little cat”，即“小猫”)。这个活动最适合孩子结伴或独立进行。向孩子们介绍，计算机使用一种称为ASCII的特殊语言进行交流，他们将学习像计算机程序员那样用代码进行交流。向他们展示图例并说明，秘密信息中的每个字母都要用一种特殊的积木来表示。积木需要仔细挑选，因为如果用错了积木，读者就无法准确地理解它。示范如何把特定的积木放在一起组成特定的单词或句子。请孩子们思考如何写出自己的名字或一条简单的信息供其他人阅读，并说明他们会用哪些积木来代表这些信息。孩子们熟悉这个概念之后，就可以把这些材料放在一个区域，供孩子们继续探索。孩子们可以使用纸和书写工具将积木表示的秘密信息转换成传统的文字，或者在用积木表示信息之前先写出他们的密码。

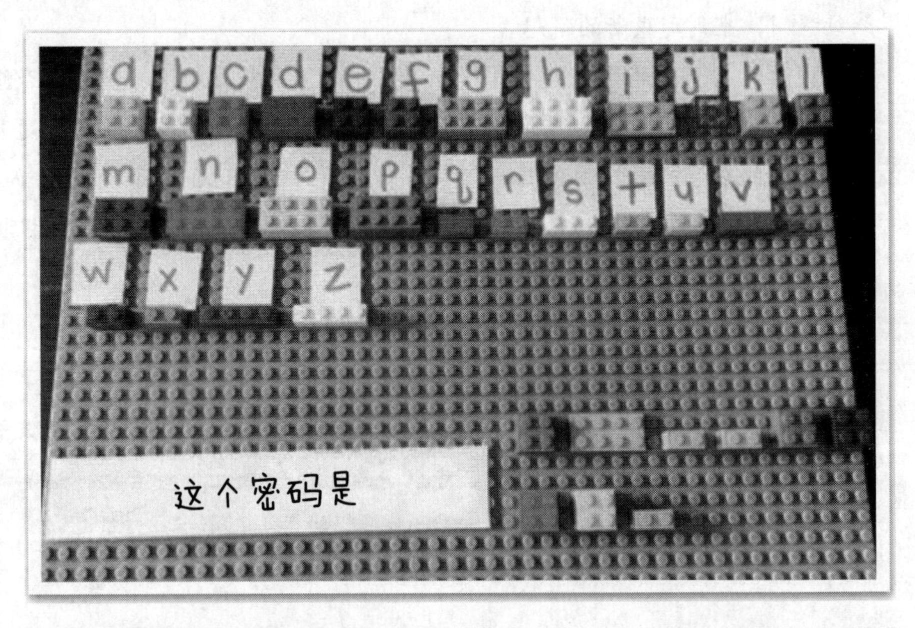

字母表中的每个字母都用不同的塑料积木表示，孩子们可以设计密码并互相破译

观察：孩子们对这个活动感兴趣吗？他们是否理解图例的概念，知道他们的想法如何使用不同的积木来进行表示？他们是否能够用每个字母一块积木的方式来表示一个简单的单词或句子，并用空格分隔相邻的单词？

延伸：根据孩子的需要，提供调节活动难度的建议（如创建名字或编写复杂的短语）。孩子们可以给自己的密码拍照并放在区域中，供同伴进行破译。也可以考虑通过社交媒体与他人分享自己的密码，请他们破译你的信息，并邀请他们给你们班发送密码，让你们来破解。用数字代替字母表，让孩子们用密码探索数学概念。

鼓励孩子参与读写

将编程融入常规的绘画、阅读和写作活动中，可以让所有孩子都感受到读写的乐趣。鼓励孩子探索、复述和改编故事的互动游戏，有助于促进他们对故事的理解。孩子可以使用编程材料讲述自己的故事，同时更充分地探索文字的概念。编程是一种通用语言，它可以帮助孩子们与世界各地的人建立联系。

第 8 章

通过编程促进游戏化的数学学习

孩子们在地毯上忙着用积木和五连方建造一座复杂的城市。汽车轨道用光之后，他们开始在房间里寻找替代物。

“这些应该有用！它们看起来就像小路。”

“我可以把它们首尾相连。然后小街也有了。”

“小汽车正好适合在上面开。如果我们想给司机发指令，我们就可以对他们的路径进行编程。”

建造了一个复杂的道路系统后，孩子们决定互相发指令帮忙导航，这样走起来更容易。“往下 3 步，再往右 4 步，你就到杂货店了！”

孩子们将他们对五连方和编程的理解融入其中，丰富了自己的建构活动。这一过程看着真是有趣。

考虑一下你的数学课程。如果一个访客走进你的教室，环境的组织、孩子的关系、最近的探索和展示的记录，会流露出你和孩子对数学的什么感受？你如何确保在满足标准和问责要求的同时，还能让孩子们进行真实的体验，从而建立信心，提高熟练度，帮助他们将概念与真实世界联系起来？沉浸在真实而复杂的数学学习环境中的孩子将成为自信的信息生产者，将他们对数概念和数量关系的理解融入协作式的且相关的学习过程中（Moss et al.，2016）。编程可以帮助孩子们认识到，数学不仅仅是需要执行的程序或需要解决的问题；它还可以帮助他们把自己看成数学的建构者，把重点放在探索的过程而非最终的正确答案上。如果我们坚信瑞吉欧教育的基本理念，即孩子们是有能力的学习者，他们充满好奇心，并且喜欢在有意义的学习活动中与他人交流，那么我们也会重视真实的数学在课堂上的作用。根据我的经验，那些尝试过编程的孩子在数学上能够从具有挑战性的情境中受益。他们不仅能够参与解决问题的过程，如设计、测试、改进并与他人交流自己的程序，还可以使用数学工具和概念来探索这些游戏和活动。编程可以成为瑞吉欧教育中的一百种语言之一，用来探索、理解和表达活动中发生的数学学习。

多年来，在和孩子们一起探索的过程中，我意识到，编程可以作为数学课程的补充，并通过各种方式提供自信和快乐的数学体验。

- **编程有助于孩子把抽象的数学可视化**。年幼儿童通常不感兴趣也没有足够的能力去阅读文字题，或使用书写工具完成练习题。书面作业经常导致数学脱离情境，把它与孩子们需要完成的任务割裂开来。它可能与孩子无关，也没有意义。当我们将数学应用到编程活动中时，孩子们就能够运用他们之前关于数概念和空间关系的知识和理解，并将其融入他们的游戏和活动中，在网格图上进行操作或与他人分享自己的算法。他们的学习会螺旋式上升，将数学概念整合到后续的编程活动中，随着时间的推移不断完善和增强自己的理解。控制结构可以将多个概念整合到编程体验中（如循环将模式整合到编程活动中），为孩子们探索和操作抽象的数学概念提供了具体可感的方法。数学变得活起来了，服务于解决问题或向更多受众传达信息的目的。
- **编程帮助孩子发现数学与现实世界的关系**。通过理解编程的地位及其与日常事物的相关性，孩子们可以亲身发现和理解数学的重要性。他们会认识到，数学是编程中不可分割的一部分，是用计算的方式成功交流想法的必要条件。社区合作伙伴可以对此提供协助，与孩子们谈论他们每天在个人生活和工作中如何使用数学和计算思维，并在必要时走进教室为孩子们的活动提供指导。
- **编程帮助孩子发现数学的美丽和复杂**。数学在自然界无处不在。就像艺术家重视通过某种审美语言进行创造和交流一样，数学家追求发现和理解我们周围的自然界中错综复杂的模式。数学家们经常把他们的工作描述为“美丽的”和“优雅的”，并不断地寻找新的和有见地的方法来探索周围世界中的问题。在数学活动中使用编程的孩子在探索整合式计算思维活动时，也能体验到同等程度的满足感和乐趣，尤其是那些产生审美结果的活动，创造的过程和美丽的结果都很有价值。这一点在孩子们可以体验的许多艺术编程活动中都很明显，并且在以后运用电脑进行编程的活动中会进一步得到加强。

- **编程为孩子提供了多个切入点（低门槛高上限）**。引导孩子们在课堂上参与数学活动时，提供所有人都能参与的开放式任务是很重要的。博勒（Boaler）将这些活动称为“低门槛高上限”活动，因为它们足够开放，允许所有的孩子初步地接触，同时又足够深入，使得学习可以向多个方向发展（2016）。孩子们可以在同一时间以不同的速度和深度参与其中。这些活动的难度可以调节，从而包含多种认识和存在的方式，孩子们可以根据自己的兴趣、优势和需求来调整这些任务。与只有一个正确答案的传统数学任务不同，包含“低门槛高上限”任务的编程活动有特定的原则：学习过程比问题的答案本身更重要；所有的孩子都能在一定程度上解决问题；孩子们可以在同一问题中更深度地参与，探索更复杂的数学概念；这个过程为孩子们提供了参与丰富的数学对话的机会。
- **编程鼓励孩子成为自信而投入的小数学家**。编程还可以在数学活动中促进协作式问题解决，孩子们可以在数学活动中共同解决一个复杂的问题。与传统的数学活动强调个人作业和唯一正确答案不同，编程是一种社会性活动，孩子们以小组形式制定策略和解决问题，并考虑多条行动路径以达到一个共同的目标。瑞吉欧式的环境会促进和鼓励合作式的数学活动。在这种活动中，孩子们在复杂的编程任务中相互支持，结合他们的个人优势和兴趣，为小组的更大利益而共同努力。他们会分享自己的专长，增长计算的兴趣和能力，从而变得更加自信。孩子们朝着共同目标努力，并一起深深地投入他们的探索之中。孩子们会意识到，有了积极态度、专注和坚持，以及来自更有经验的同伴和成人的帮助，他们能够更成功地完成编程活动。他们的成长型思维模式也会随之得到发展。
- **编程鼓励解决问题**。除了编程的探索和活动本身蕴含的真实的数学机会，教育者还可以引导孩子参与明确的教学活动，帮助他们建立自己的图式，满足课程标准的要求，并激励他们在后续活动中整合更复杂的问题解决。设计的过程蕴含丰富的问题解决的机会，无论孩子们是在解决由教师在游戏或活动中提出的挑战，还是在自我导向的项目或探究中将编程作为一种语言来探索和交流他们的想法。遇到问题后，孩子们会制订一个推进的计划并收集必要的资源和材料。利用背景知识和来自同伴或教育者的支持，孩子们可以试验这些材料并创建他们自己的编程项目。在尝试的过程中，他们能够自我评估，看项目是否在按预期进行。如果没有，他们会测试原有的设计并发现故障，从而改进程序。最终完成项目后，孩子们就能够与同伴分享他们的作品，在教室之外交流他们的新认识，还可能会激励其他人尝试以类似的方式进行编程。

- **编程使数学任务变得有趣而迷人**。除了将众多数学概念和成长型思维模式嵌入迷人的活动中，编程还可以有效地激发动机，帮助孩子保持对复杂数学问题的兴趣。要创设安全和支持性的环境，鼓励孩子将冒险和犯错看作学习机会，从而吸引他们对愉快但具有挑战性的活动保持兴趣。伯斯将其描述为“困难之趣（hard fun）。……一项吸引（孩子们）参与的活动，因为它既有趣又有挑战性”（Bers，2018）。孩子们被自己在活动中的社会性和情感投入以及对成功的渴望所驱使，这些都有助于他们坚持下去，即使编程的过程可能是困难的或充满问题的。与死记硬背的数学任务（比如纸笔练习或机械训练）可能会让孩子们感到害怕或焦虑不同，孩子们在困难的编程活动中会得到教育者的支持，从而在数学探索中增强韧性和毅力。

连接编程和数感

正如编程可以通过字母活动帮助提高读写能力一样，孩子的数感也可以通过不插电编程活动得到提高（Moss et al.，2016）。培养感数（subitizing）能力并鼓励孩子探索和内化数量关系，有助于他们成为准确、自信和熟练的小数学家。感数是指无须计数就能立即判断集合中物体数量的能力。许多编程活动都有助于实现这些目标，还可以调节活动难度以满足所有学习者的需求。

十格阵编程

材料：大的十格阵，积木，箭头编程卡。

指导：用胶带或粉笔在地上创建一个大的十格阵。确定起点，通常是十格阵中画着1的那个方格。添加一两块积木作为障碍。邀请一个孩子自愿参与游戏，站在起点的位置。演示如何通过编程让游戏者在十格阵中从数字1一直走到终点或数字10。当你给游戏者编程时，把箭头编程卡放在十格阵旁边来表示相应的代码。在随后的游戏中，添加更多的积木作为障碍。

大型泡沫拼图地垫可以很容易地变成十格阵，用于户外游戏

观察：孩子们能发现十格阵里的数字分布吗？孩子们能对它们进行定位吗？他们理解这个游戏的目的是从1的位置移动到10的位置吗？他们能执行指令吗？他们能成为编程者，并为他们的朋友在十格阵里的运动进行编程吗？

延伸：再添加一个十格阵，让孩子们识别所有数字的位置（从1到20）。添加障碍物并向孩子们提出挑战，让他们互相为对方编程，指引对方在网格图中从起点走到终点。孩子们熟悉后，可以将起点和终点改为其他数字（例如，从18到3）。他们还可以在网格图中向前或向后移动。继续增加十格阵来增加挑战，让孩子移动更多的步数并考虑更大的数字。

百格阵编程

材料：多张 10×10 的网格图，书写工具，骰子。

指导：向孩子说明，他们将在网格图中对数字的路径进行编程。如果使用一个骰子，请将数字 1—6 随机写在网格图中。如果使用两个骰子，请在网格图中随机写下数字 1—12。第一次掷骰子确定起点，再次掷骰子确定终点。向孩子们演示，他们可以在网格图中给自己的路径编程，在每个方格中画箭头来指示方向，用最短 / 最快的路径将掷出的两个数字连接起来。

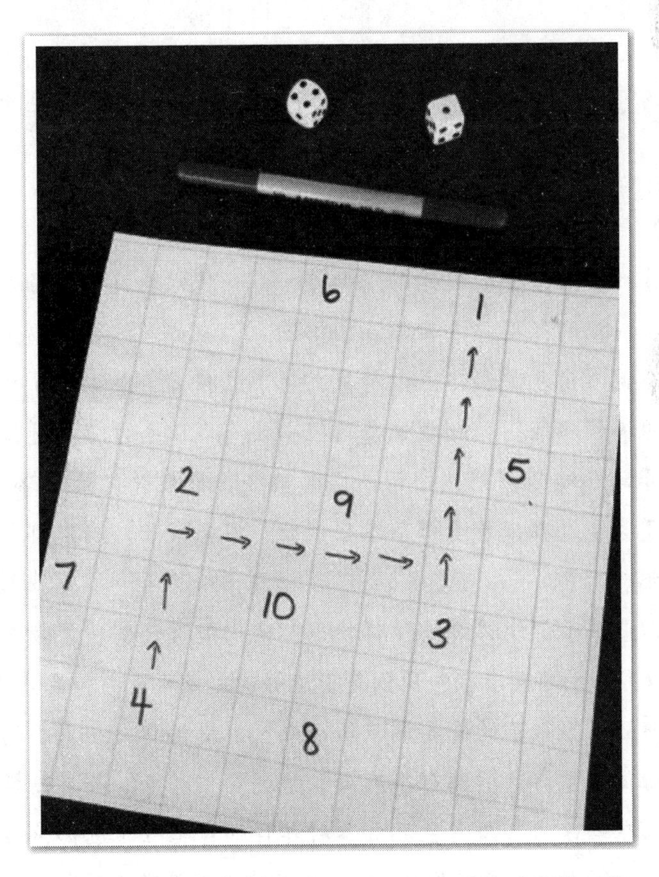

在网格图中写下数字后，掷两次骰子，然后对连接两个数字的路径进行编程

用不同颜色的记号笔或蜡笔画出每条路径，以便于互相区分。向孩子们提出挑战，让他们不断掷骰子，尽可能创造出多条不同的路径。

观察：孩子们认识掷出的数字吗？他们能确定它们在网格图中的位置吗？他们能否清楚地看到连接这两个数字的路径？他们是否能够独立地绘制箭头路径，标明从一个数字到下一个数字的移动过程？当孩子们遇到路径上的一个方格已经用于前一条路径的情况时，他们会怎么做？他们会设法绕过之前的路径，还是将先前的路径融入新的路径？

延伸：可以增加掷出的骰子数量并在网格图中包含更大的数字，从而提高活动难度。新增加的大数字会对孩子构成挑战。在户外用胶带或粉笔创建一个网格图。孩子们可以通过在网格图中放置箭头编程卡来标明所走的路径。

超级英雄救援

材料：网格图纸、角色贴画、书写工具。

指导：鼓励孩子们选择两张贴画——一张代表英雄，另一张代表需要救援的人。把两张贴画分开贴在网格图上。在许多方格里画上障碍物。确定起点（英雄角色）和终点（待救角色）的位置，鼓励孩子画出一条避开障碍物的编程路径。数一数这条路径一共有多少个方格。选择一支不同颜色的记号笔或蜡笔，创建一条不同的路径。计数并记录新路径的方格数。不断重复这个过程，看看哪条路径最短，哪条最长。确定哪条路径是最佳救援路径。

观察：孩子们能够绕过障碍物吗？他们能否计划、计数并记录他们的角色可以采取的不同路径？他们是否能够确定效率最高和最低的路径？

延伸：根据孩子的需要调节活动难度，提供更大或更小的网格图。如果一开始孩子觉得这些障碍很麻烦，就把它们移除。如果想提供更多的挑战，可以在沿途为英雄角色添加各种各样的停留点（例如，在到达待救角色之前，必须先停下来获取食物）。使用胶带或粉笔在地面上创建救援网格图，并将真实物体作为角色（如消防车、布娃娃、毛绒动物、汽车等）。孩子们可以使用箭头编程卡片来标明不同的路径。

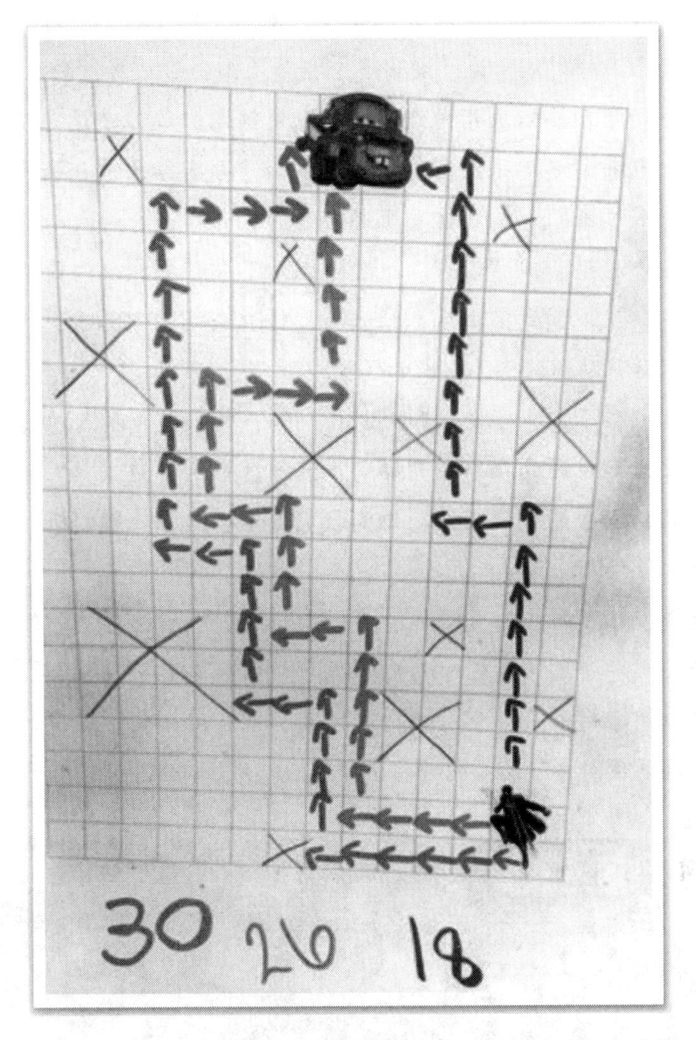

网格图上画出了三条不同的路径，并计算了每条路径的箭头数，以确定最短的路径

找到宝藏

材料：大纸、便利贴、贴画、指示棒、插卡袋、箭头编程卡。

指导：提前做好活动准备，制作复杂的便利贴网格阵。把一张贴画藏在某张便利贴下面（贴在便利贴的背面）。确定起点。向孩子介绍这项活动，说明他们要寻找藏在某张便利贴下面的宝藏。向他们展示如何通过指令为彼此在网格阵中的运动进行编程。请一个孩子自愿当游戏者，把指示棒放到起点。给游戏者连续发出多个指令（如向右2格、向下4格）。游戏者按指令用指示棒依次指向经过的每张便利贴。编程者说完指令后，游戏者走到终点并拿起那张便利贴，看看下面是否有贴画。如果有，宝藏就找到了；如果没有，则编程者发出进一步的编程指令，游戏者继续根据指令在网格阵中移动。编程者可以把指令记录下来，把相应的箭头编程卡依次放到插卡袋里。找到宝藏后，让孩子们转过头或闭上眼睛，将带有宝藏贴画的便利贴移动到网格阵中新的位置。

观察：孩子们能够发出和接收指令吗？他们能准确地执行编程者的指令，依次指向经过的每个便利贴吗？他们理解这个游戏中的概念吗？如果需要很长时间才能发现宝藏，他们会坚持下去吗？他们能否把箭头编程卡放在插卡袋里，分行表示每个指令？

延伸：根据孩子的需要调整（增加或减少）网格阵中的便利贴数。如果孩子们觉得寻找宝藏耗时过长难以等待，可以在网格阵中放置多个宝藏。你也可以用索引卡代替便利贴，在地面上创建网格阵。这样，孩子们可以很方便地更改网格阵的排列并将宝藏隐藏起来，不让同伴看到。

把一张贴画藏在其中一张便利贴下面，孩子们互相编程，指引对方走到某张便利贴的位置，然后把它翻过来，看看贴画是否藏在下面

收集爱心

材料：大的编程方格图、箭头编程卡、爱心（或其他要收集的宝藏，如金币、宝石）、角色（贴在积木或迷你人偶上的孩子照片）。

指导：将爱心放在网格图中。确定起点，让孩子们结伴，一个负责编程，一个负责游戏。编程者必须引导游戏者在网格图中不断移动，收集尽可能多的爱心。每组一次发出一个指令，然后轮到另一组发指令。编程者不能将本组的游戏者引导到网格图中已被其他游戏者占用的方格里。最后，收集到最多爱心的小组获胜。

把角色画在纸上，然后贴在积木上，带着角色在网格图中移动，收集尽可能多的爱心

观察：孩子们是否理解游戏中的概念？编程者能否清晰、准确地引导游戏者在网格图中移动？孩子们是否理解并公平地执行规则（不使用已被占用的方格，一次发出一个指令）？游戏结束时，他们能否计数并比较爱心的数量，从而确定获胜者？

延伸：可以向孩子们提出挑战，在网格图中放置障碍物，收集宝藏时需要避开它们。根据孩子的需要，扩大或缩小网格图的尺寸。可以将游戏带到户外，把自然物品（棍棒、松果、树叶）用作宝藏，进一步开展活动。

你能建造它吗?

材料：积木、事先做好的建构编程序列卡、空白序列卡、书写工具。

指导：提前准备一系列建构编程序列卡，供孩子们以多种方式执行指令。向孩子们介绍这个活动，说明要用数字代码来帮助他们搭建积木。出示一张编程序列卡，并演示序列中的每个数字如何表示搭建时使用的积木数量。孩子们可以从简单的几组积木开始慢慢学习，逐步增加积木的组数，

每座塔都用建造它所用的积木数量来表示

搭建更复杂的结构。待他们对执行建构编程指令感到熟悉后，可以鼓励他们使用空白卡片编写自己的代码供同伴执行。

观察： 孩子们是否能够将书面的数字代码理解为建筑平面图，并按照它来搭建积木结构？他们能否创建出自己的复杂代码，供其他人执行？对于将自己的建构创意表示为其他人可以执行的程序，孩子们还有什么其他想法？

延伸： 请孩子们执行并创建更复杂的代码。他们可以创建并执行不同的分行代码（两行或多行组合在一起）。问孩子们，他们还想使用什么建构材料？请他们使用代码来搭建可识别的结构（如搭建一个增长模式或一座房子而非简单的塔）。将孩子们的作品拍下来，和代码张贴在一起，供其他人执行。可以创建一本班级编程书，供孩子们在自选活动时间阅读，并在整个学年中不断增加内容。

排序算法游戏

材料： 排序算法底板、迷你数字卡、骰子。

指导： 向孩子们解释，**排序算法**（sorting algorithm）是计算机将大量项目按特定顺序（从 A 到 Z、从高到低、从短到长、从大到小等）进行重新组织的一种方法。排序算法将一个大型项目列表作为**输入数据**（input data），对它们执行一个或多个特定的操作，并生成有序的数组作为输出数据。孩子们可以对用实物表示的数据进行实际操作，并使用算法底板生动地展示计算机对数据进行排序的操作。在这个活动中，将迷你数字卡随机放在底板的左侧。每个数字一次只能向前移动一格，并且只能移动到底板上空的格子里。通过掷骰子确定数字。找到相应的迷你数字卡，并把它向前移动一格。游戏的目标是将所有迷你数字卡从底板的左侧移动到右侧的有序列表中。

观察： 孩子们能认出骰子上掷出的数字吗？他们能识别对应的迷你数字卡吗？他们是否明白，每张数字卡一次只能移动一格，而且被另一个数字挡住的话就不能移动了？孩子们能否成功地将全部数字卡移到底板右侧，

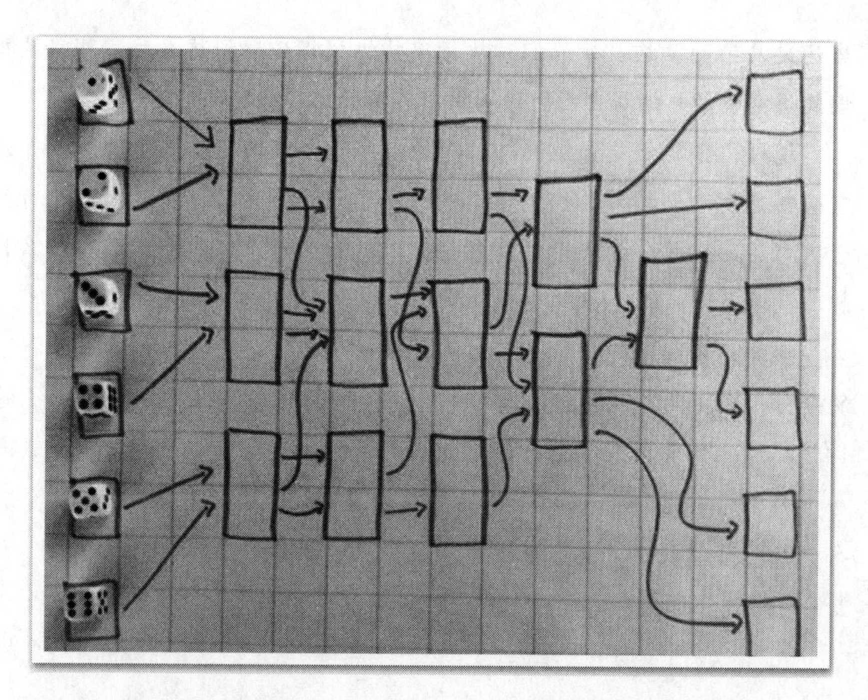

孩子们轮流移动骰子，每次一个，直到穿过迷宫到达另一侧

使其按正确的顺序排列？

延伸：使用低结构材料（如不同颜色或大小的绒球）在底板上以不同的形式表征需要排序的数据。问孩子们想用这个底板玩什么游戏——他们可能会分享一些有趣的想法。在户外或体育馆里，排序算法底板也可以是一个有趣而简单的游戏。用胶带或粉笔在地面上创建底板，并鼓励孩子们把数据形象化，自己站在底板左侧（或输入数据区域）的空格中。他们可以穿过这些格子，掷骰子或不掷骰子，看看要移动几格，并以不同的方式在底板右侧进行排序。

掷骰子竞赛

材料：毛线、方片积木、骰子。

指导：这个游戏可以一人独自玩，也可两人结伴玩。用毛线拉一条线，两人各选择一边，然后轮流掷骰子。孩子对掷出的点数进行感数，然后在自己的一侧放相应数量的方片积木。双方继续掷骰子并增加方片积木，直至到达毛线的末端。方片积木数量更多的一方获胜。

两个孩子玩掷骰子竞赛

观察：孩子们能否进行感数，并在自己的一侧放上相应数量的方片积木？这个游戏对他们来说太简单，还是太有挑战性？孩子们还有什么其他的想法来丰富这个游戏？

延伸：提供一根更长的毛线，以增加游戏难度。也可以使用多个骰子，鼓励孩子们把多个数字相加。

五连方拼图

材料：大量的五连方，五连方拼图底纸（方格总数必须能被 5 整除）。

指导：事先使用大的网格图纸制作五连方拼图底纸。对每张底纸进行塑封，以提高其耐用性。玩五连方拼图可以帮助孩子们学会坚持完成具有挑战性的任务并调试拼块摆放问题，促进其计算思维的发展。鼓励孩子们花时间摆放每一块五连方，试着把它们完全拼在一起，在拼图底纸上不留下任何空格。

观察：孩子们是否能够旋转并拼合各块五连方？他们是否会坚持不懈地解决同一个难题？遭遇挑战时，他们有何反应？他们是否会结伴合作，一起解决同一个难题？

延伸：为孩子们提供各种大小的拼图底纸，鼓励他们共同努力完成每一个。可以提供一张非常大的底纸，孩子们可以在闲暇时进行拼图，留存拼好的部分，这样下一个孩子就可以接着拼而不必重新开始。

提供各种拼图底纸，供孩子们用五连方进行填充

编程骰子

材料：木质积木、油性笔、拼图块、大的编程网格图。

指导：每块积木的各面分别画上方向和数字，把它们变成编程骰子。向孩子展示骰子、拼图块和大编程网格图，并征求他们的建议，包括如何使用这些材料，他们想玩什么类型的游戏。在自选活动时间，把这些材料放在一张桌子上，邀请孩子们来创造他们自己的游戏和活动。下次集体活动时，让孩子们分享他们用这些低结构材料创造的各种游戏。

编程骰子很容易制作，用油性笔在木质积木的各面上写下指令即可

观察：孩子们对操作这些编程材料感兴趣吗？他们玩了哪些类型的游戏和活动？这些游戏的规则是什么？孩子们愿意在集体谈话中分享他们的想法吗？

延伸：采纳孩子们的想法，并帮助他们将其转化为真正的游戏。收集必要的材料，并和孩子们一起玩这些新游戏。收集关于这些游戏的记录并在圆圈时间进行集体分享，以便所有孩子都能观察游戏过程并理解游戏玩法。下次自选活动时间，在各区域中提供这些新的游戏和活动。

创建网格图形

材料：编程网格图、字母卡、数字卡、与网格图中方格尺寸相同的正方形彩纸（或积木）、白板、白板笔。

指导：在一个大的活动空间的中心展示编程网格图，以便所有的孩子都能清楚地看到。把字母卡放在 x 轴（水平线）上，把数字卡放在 y 轴（竖直线）上。向孩子们解释，每条线都有一个特定的名称。当 x 轴和 y 轴的两条线相交时，就形成了一个坐标。为展示这一点，选择一个特定的坐标对，大声说出来，并用手沿着两条线到达它们相交的地方。在网格图中的那个位置放一个彩色正方形，并在白板上写下相应的坐标。向孩子们说明，他们可以通过填充网格图中的特定方格来创建图形和图案。继续添加更多的正方形并写下相应的坐标，直到在网格图中创建一个更大的形状（如长方形）。拿掉这些正方形，鼓励孩子们在网格图中放入自己的正方形并写下相应的坐标，创造出自己独特的图形和图案。

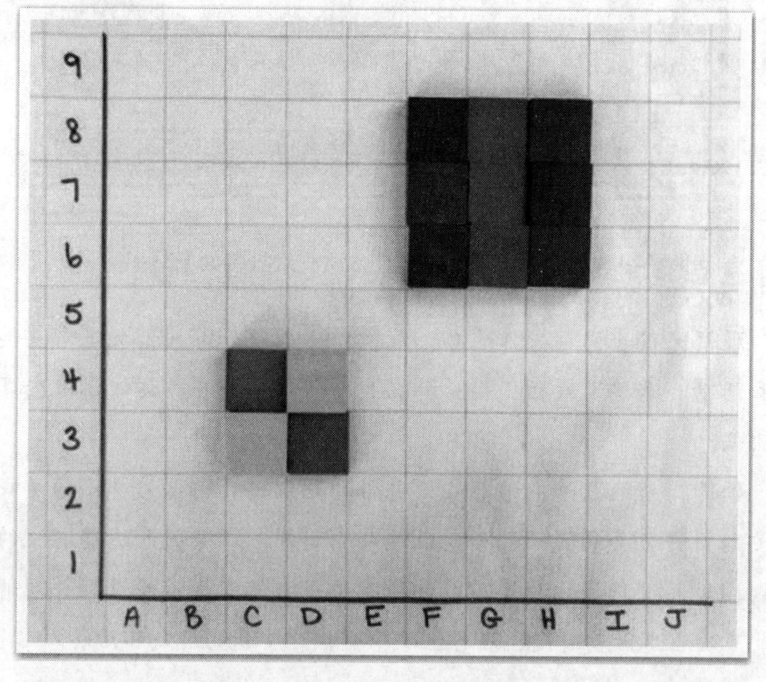

可以在网格图中创建不同的图形和图案，每个方格都有对应的坐标

观察：孩子们是否理解白板上写的坐标与网格图中相应位置的关系？孩子们能否把正方形彩纸摆到网格图中，形成一个独特的图形或图案？他们能否在白板上写下坐标指令，引导同伴将正方形彩纸放到网格图中？

延伸：在自选活动时间，把网格图和相应的材料放在一张桌子上，供孩子们探索。创建一条有正负两个方向的横轴，并鼓励孩子在网格图中创建对称的图案。问孩子们，在玩网格图的时候还想到了其他哪些游戏？为他们的作品拍照，并在接下来的集体活动中分享他们的想法和经验。

五连方编程路径

材料：编程网格图纸、五连方、编程角色（如低结构材料、缩微模型或动物玩偶）。

指导：向孩子们展示编程网格图纸，并将两个编程角色分着放在网格图上。使用五连方，用首尾相接的方式创建一条编程路径，从起点弯弯曲曲地穿过网格图到达终点。这对孩子们颇具挑战性，因为五连方会产生

小汽车的路径是用五连方首尾相接创建的

“死胡同”，而且这些拼块必须组合在一起形成一条从起点到终点的路径。与本书中其他的编程路径不同，这个游戏的目标是将五连方拼在一起创建一条路径，而不考虑用几块五连方，在网格图中占几个方格。游戏的重点是空间意识和逻辑。

观察：孩子们能将五连方的组合理解为一种编程路径吗？他们是否意识到，这些拼块可以首尾相接地组合在一起，形成一条路径？在活动中遇到挑战时，他们能坚持下去吗？在编程过程中遇到困难时，他们是否愿意拆掉自己的路径，尝试不同的方法？孩子们为角色创造了多少种不同的路径？

延伸：在自选活动时间，把这些材料放在一张桌子上，鼓励孩子进一步探索。扩大或缩小网格图，或增减五连方的数量，以调节活动难度。可以在网格图中设置障碍来增加挑战性。

不插电编程活动灵活多样，可以引导孩子参与复杂的、多方面的数学活动，从而激发孩子们的数学兴趣，并且通过调节活动难度来满足不同孩子的需求。所有领域都可以轻松地得到整合，从而让所有学习者都可以获得真实的、多层次的数学体验。

参考文献

Aspinall, B. (2017). *Code Breaker: Increase Creativity, Remix Assessment, and Develop a Class of Coder Ninjas!* San Diego, CA: Dave Burgess Consulting.

Bers, M. U. (2018). *Coding as a Playground: Programming and Computational Thinking in the Early Childhood Classroom*. New York, NY: Routledge.

Bitesize. (2018). Introduction to Computational Thinking. BBC.

Boaler, J. (2016). *Mathematical Mindsets: Unleashing Students' Potential through Creative Mathematics, Inspiring Messages, and Innovative Teaching*. San Francisco, CA: Jossey-Bass.

Bruner, J. (1960). *The Process of Education*. New York, NY: Vintage Books.

Burns, M. (1994). *The Greedy Triangle*. New York, NY: Scholastic.

Dewey, J. (1916). *Democracy and Education: An Introduction to the Philosophy of Education*. New York, NY: Macmillan.

Dietze, B. & Kashin, D. (2018). *Playing and Learning in Early Childhood Education.* 2nd ed. North York, ON: Pearson Canada.

Fleming, L. (2015). *Worlds of Making: Best Practices for Establishing a Makerspace for Your School*. Thousand Oaks, CA: Corwin.

Heick, T. (2019). 4 Phases of Inquiry-Based Learning: A Guide for Teachers. TeachThought. Last modified November 5, 2019.

IBM Knowledge Center. (2019). ASCII, Decimal, Hexadecimal, Octal, and Binary Conversion Table. IBM Knowledge Center.

Isenberg, J. P. & Jalongo, M. R. (2018). *Creative Thinking and Arts-Based Learning: Preschool through Fourth Grade*. 7th ed. New York, NY: Pearson.

Kang, J. (2007). How Many Languages Can Reggio Children Speak? Many More

Than a Hundred! *Gifted Child Today*, 30 (3): 45–48, 65.

Moss, J., Bruce, C. D., Caswell, B., Flynn, T. & Hawes, Z. (2016). *Taking Shape: Activities to Develop Geometric and Spatial Thinking, Grades K–2*. Toronto, ON: Pearson Canada.

McLennan, D. M. P. (2008). The Benefits of Using Sociodrama in the Elementary Classroom: Promoting Caring Relationships among Educators and Students. *Early Childhood Education Journal*, 35 (5): 451–456.

McLennan, D. M. P. (2009). Ten Ways to Create a More Democratic Classroom. *Young Children*, 64 (4): 100–101.

McLennan, D. M. P. (2012). Using Sociodrama to Help Young Children Problem Solve. *Early Childhood Education Journal*, 39 (6): 407–412.

McLennan, D. M. P. (2017a). Creating Coding Stories and Games. *Teaching Young Children*, 10 (3): 18–21.

McLennan, D. M. P. (2017b). Now Read This: Books That Introduce Coding to Children. *Teaching Young Children*, 10 (3): 22–23.

National Research Council. (2012). *Education for Life and Work: Developing Transferable Knowledge and Skills in the 21st Century*. Washington, DC: National Academies Press.

Piaget, J. (1936). *Origins of Intelligence in the Child*. London: Routledge & Kegan Paul.

Stadler, M. A. & Ward, G. C. (2005). Supporting the Narrative Development of Young Children. *Early Childhood Education Journal*, 33 (2): 73–80.

Tarr, P. (2001). Aesthetic Codes in Early Childhood Classrooms: What Art Educators Can Learn from Reggio Emilia. *Art Education*, 54 (3): 33–39.

Topal, C. W. & Gandini, L. (1999). *Beautiful Stuff!: Learning with Found Materials*. Worchester, MA: Davis Publications.

Vygotsky, L. S. (1962). *Thought and Language*. Cambridge, MA: MIT Press.

Wein, C. A. (2008). *Emergent Curriculum in the Primary Classroom: Interpreting the Reggio Emilia Approach in Schools*. New York, NY: Teachers College Press.

Wein, C. A. (2014). *The Power of Emergent Curriculum: Stories from Early*

Childhood Settings. Washington, DC: National Association for the Education of Young Children.

Wexler, A. (2004). A Theory for Living: Walking with Reggio Emilia. *Art Education*, 57 (6): 13–19.

Wing, J. M. (2006). Computational Thinking. *Communications of the ACM*, 49 (3): 33–35.

Wurm, J. P. (2005). *Working in the Reggio Way: A Beginner's Guide for American Teachers.* Saint Paul, MN: Redleaf Press.

Kindercoding Unplugged: Screen-free Activities for Beginners

By Deanna Pecaski McLennan